"十三五"应用型人才培养规划教材

电气控制技术与PLC应用

◎ 杨丽君　主编

清华大学出版社

北 京

内 容 简 介

本书以培养应用技能型人才为出发点,以提高学习者的电气控制技术应用能力为目的,深入浅出地介绍了电气控制技术的基本概念,基本控制电路的组成和工作原理,着重讲述了基本控制电路的识图及分析方法;介绍了变频器调速的应用方法;以及典型控制电路的安装、调试的实验指导,以适应学习者电气工程岗位职业证书考试的需求。书中还讲述了 PLC 的工作原理和特点,以西门子 S7-300 PLC 为例介绍了 PLC 的基本指令和应用方法。全书共 8 章,其中,第 1~5 章介绍了常用低压电器的结构及原理、电气图的绘制、电气控制系统基本控制电路的分析与设计方法等;第 6 章、第 7 章介绍 PLC 的组成和工作原理及西门子 S7-300 PLC 的基本指令系统及其应用;第 8 章为实验项目及实验指导书;第 1~7章每章后都附有思考与练习题。

本书可作为高等院校电气工程及其自动化、自动化、机电一体化、生产过程自动化等专业的教材,也可供电气类工作岗位的职工培训及自学使用。

图书在版编目(CIP)数据

电气控制技术与 PLC 应用/杨丽君主编. —北京:清华大学出版社,2018(2024.3重印)
("十三五"应用型人才培养规划教材)
ISBN 978-7-302-49848-3

Ⅰ. ①电… Ⅱ. ①杨… Ⅲ. ①电气控制-高等学校-教材 ②PLC 技术-高等学校-教材
Ⅳ. ①TM571.2 ②TM571.6

中国版本图书馆 CIP 数据核字(2018)第 046487 号

责任编辑:王剑乔
封面设计:刘 键
责任校对:刘 静
责任印制:沈 露

出版发行:清华大学出版社
   网 址:https://www.tup.com.cn, https://www.wqxuetang.com
   地 址:北京清华大学学研大厦 A 座   邮 编:100084
   社 总 机:010-83470000   邮 购:010-62786544
   投稿与读者服务:010-62776969, c-service@tup.tsinghua.edu.cn
   质量反馈:010-62772015, zhiliang@tup.tsinghua.edu.cn
   课件下载:https://www.tup.com.cn, 010-83470410
印 装 者:北京鑫海金澳胶印有限公司
经 销:全国新华书店
开 本:185mm×260mm 印 张:13.75   字 数:317 千字
版 次:2018 年 4 月第 1 版   印 次:2024 年 3 月第 7 次印刷
定 价:49.00 元

产品编号:077597-02

前言
FOREWORD

近年来,电气控制技术在电力、冶金、机械制造、化工、交通运输等诸多领域的应用越来越广泛,随着科学技术的进步,电子技术、微电子技术的不断发展,特别是大规模集成电路和微处理技术的应用,电气元器件不断更新换代,控制器的功能不断完善。可编程控制器的出现成为控制领域的一个里程碑,使电气控制技术发展到一个新阶段,可编程控制器成为主导的控制器,但常用低压电器仍然有着广泛的需求和应用市场。

为了使学生尤其是初学者能够尽快地学会并掌握电气控制技术和 PLC 及新技术的应用,我们编写了本书。作者总结了多年从事电气工程教育教学的经验,整理了有关的教学资料,并根据电气工程岗位职业证书的考试要求以及学生学习的习惯和特点,从培养应用型人才为出发点,以提高学生的电气控制技术应用能力为目的,采用循序渐进的方法,侧重基础,注重应用,从常用低压电器的结构、工作原理及图形符号和文字符号为起点,由浅入深地介绍了基本电气控制电路的组成和工作过程,并针对电气工程方面职业资格证书考试的需要,侧重讲解电气元件和电气图的识图方法,电气控制系统的分析、设计的方法和步骤,并配有典型控制电路的安装、调试的实验指导,以期提高学生的动手能力。通过认真学习本书和实践,学生一定能打下坚实的基础。

对于可编程控制器,本书介绍了通用 PLC 的硬件结构、软件组成及工作原理,并以 S7-300 PLC 为样机,讲解了基本指令的功能及应用以及利用编程软件 STEP 7 编辑和调试程序的方法和步骤。对于重要的知识点都配合了相应的例题,使学习者学有所得,获得成就感。

第 1~7 章后有思考与练习题,第 8 章是实验项目及实验指导书,以此培养学生分析问题和解决问题的能力,提高电气控制技术和 PLC 的应用能力。

全书共分为 8 章,第 1 章介绍了电气控制系统的概念、分类及发展;第 2 章介绍了常用低压电器的结构、原理及图形符号;第 3 章介绍了电气图的绘制原则及识图方法;第 4 章介绍了电气控制系统基本控制电路及变频器的调速应用;第 5 章介绍了电气控制系统的分析方法及步骤、设计原则及设计内容等;第 6 章介绍了以可编程控制器为核心的电气控制系统的组成及工作原理;第 7 章介绍了西门子 S7-300 PLC 的指令系统及应用;

第 8 章为实验项目及实验指导书,通过安装调试典型的电气控制系统的控制电路,培养并提高学生分析问题、解决问题的能力。

本书参考了许多同行的文献,在此谨致谢意。

由于编者水平有限,书中难免会有疏漏和不妥之处,恳请广大读者批评指正。

编　者

2018 年 1 月

目录
CONTENTS

电气控制的基础知识

1.1 概述

20 世纪 60 年代初可编程序控制器问世以前,在工业控制领域中占主导地位的是继电器-接触器控制。控制系统由继电器、接触器及电子元器件组成,用导线将这些电气元件按照控制要求连接在一起,以完成一定的控制功能。继电器、接触器在控制系统中主要起两种作用:一是逻辑运算,二是弱电控制强电。

1.1.1 控制系统的特点

采用继电器、接触器等电器组成的控制装置,称为继电器-接触器控制装置,又称继电器-接触器控制系统。实现对被控对象进行起动、停止和调速等控制。

1. 继电器-接触器控制系统的优点

(1) 电路图形象直观。

(2) 价格低廉。

(3) 维护方便。

(4) 抗干扰能力强。

适用于动作比较简单、控制规模比较小的场合,因此目前仍广泛应用于各类机床和其他机械设备中。

2. 继电器-接触器控制系统的缺点

(1) 灵活性差。因其采用的是固定接线形式,不易改变控制功能。

(2) 控制速度慢。因采用有触点的动作开关,工作频率低。

(3) 控制精度低。存在动作延时和滞后现象,难以实现精确控制。

(4) 可靠性差,使用寿命短;存在大量的机械触点,触点易损坏。

(5) 体积大,耗电多。

(6) 生产周期长,接线复杂。

(7) 需要定时和不定时地进行检修和维护。

3. 可编程控制器的特点

可编程控制器简称 PLC,它是将 3C(Computer,Controller,Communication)技术,即计算机技术、自动控制技术、通信网络技术融为一体的一种新型工业控制装置。所以它在数据处理、顺序控制方面具有一定优势。目前,在控制领域里,可编程控制器已经替代了继电器-接触器控制成为主要控制器,并被广泛应用。

以可编程控制器为核心的控制装置称为 PLC 控制系统。可编程控制器的特点如下。

(1)编程方法简单易学。

(2)功能强,性能价格比高。

(3)硬件配套齐全,用户使用方便,适应性强。

(4)可靠性高,抗干扰能力强。

(5)系统的设计、安装、调试工作量少。

(6)维修工作量小,维修方便。

(7)体积小,能耗低。

1.1.2 电气控制系统的发展

由于继电器-接触器控制系统所用的控制电器结构简单、价格便宜,且向小型化、长寿命方向发展,因此仍能满足生产设备一般生产的需要,继电器-接触器控制技术仍占有相当重要的地位,仍然广泛应用。

可编程序控制器从第一台问世以来,控制功能从只能做开关量逻辑控制和定时、计数功能,到具有模拟量控制功能、数据运算和数据处理功能、智能控制功能、过程控制功能、实时监控功能、通信联网功能。可编程序控制器的发展与计算机技术、半导体集成技术、控制技术、数字技术、通信网络技术等高新技术的发展息息相关。这些高新技术的发展推动了可编程序控制器的发展,而可编程序控制器的发展又对这些高新技术提出了更高、更新的要求,促进了它们的发展。可编程控制器从开关量的逻辑控制扩展到数字控制及生产过程控制领域,真正成为一种电子计算机工业控制装置。目前已跃居工业自动化三大支柱(PLC、ROBOT、CAD/CAM)的首位。

目前可编程序控制器正向着两个方向发展。

(1)向着小型化、简易、价格低廉的方向发展。如德国西门子公司的 S7-200 和日本OMRON(欧姆龙)公司的 CQM1 等一类产品,主要用于单机控制和规模比较小的自动化生产线控制。

(2)向着大型、高速、多功能和多层分布式全自动网络化的方向发展。如德国西门子公司的 S5-115U、S7-400 和日本 OMRON(欧姆龙)公司的 CV2000 等一类产品。这样的产品一般为多处理器系统,有较大的存储能力和功能很强的输入/输出接口,不仅具有逻辑运算、定时、计数等功能,且具备数据运算、模拟控制、过程控制、远程控制等功能,还可以通过与上位机通信,配备数据采集系统、数据分析系统、彩色图像显示系统的操纵台,可以管理、控制生产线、生产车间或整个工厂,实现自动化工厂的全面要求。

可编程控制器应用范围日趋扩大。已广泛地应用于机械制造、冶金、石油、电力、煤炭、化工、轻工、纺织、食品、医疗、制药和军工等部门。可编程控制器在提高劳动生产率、保证产品质量、改善劳动条件、降低能源消耗和提高生产自动化程度等诸多方面,收到了明显的效果。

1.2　常用低压电器的基本概念和分类

1.2.1　基本概念

1. 电器

电器是一种能控制电的设备,是通断、控制、保护、检测和调节电路及电气设备的电工器具。

2. 电器的作用

电器可以根据外界的特定信号和控制的要求,手动或自动地接通或断开电路,能够断续或连续地改变电路参数,实现对电路或非电对象的控制、切换、保护、变换、检测及调节。

3. 低压电器

低压电器是指用于交流额定电压在1200V以下、直流额定电压在1500V以下的电路中的电气设备。在电路中起通断、控制、保护或调节作用的电气设备,包括各种主令电器、接触器、控制继电器等。

4. 高压电器

高压电器指工作于交流电压1200V以上、直流电压1500V及以上电路中的电器。例如高压断路器、高压隔离开关、高压熔断器等。

1.2.2　低压电器的分类

1. 按电器功能(用途)分

(1) 主令电器:用于自动控制系统中发布动作指令的电器,如按钮、转换开关、行程开关、接近开关等。

(2) 控制电器:用于各种控制电路和控制系统的电器,例如接触器、继电器、电动机启动器等。

(3) 保护电器:用于保护电路及用电设备的电器,如熔断器、热继电器等。

(4) 执行电器:用于完成某种动作或传送功能的电器,如电磁铁、电磁抱闸等。

(5) 配电电器:用于电能的输送以及分配的电气设备,如断路器开关等。

(6) 其他系统用电器:稳压与调压电器、起动与调速电器、检测与交换电器、牵引与传动电器。

2. 按操作方式分

(1) 手动电器:人手操作发出动作指令的电器。它依靠外力(人力)直接操作来进行动作切换,如按钮、刀开关等。

(2) 自动电器:它依靠电器本身参数变化或外来信号(如电流、电压、温度、压力、速度、热量等)产生电磁吸力而自动完成接通、分断或使电机起动、反向及停止等动作指令的电器,如接触器、继电器、电磁阀等。

3. 按使用系统分

(1) 电力拖动自动控制系统用。

（2）电力系统用。

（3）自动化通信系统用。

（4）其他系统用。

4．按使用场合分

（1）一般工业用。

（2）特殊工矿用。

（3）农用。

（4）其他场合（如航空等）用。

5．按工作电压等级分

按工作电压等级分为低压电器和高压电器。

6．按有无触点分

按有无触点分为有触点电器和无触点电器。

7．按电器组合分

按电器组合分为单个电器和成套电器与自动化装置。

1.3　低压电器的主要技术参数

1．额定电压

在规定条件下，能保证电器正常工作的电压值，通常指触点的额定电压值，对于电磁式电器还规定了电磁线圈的额定工作电压。

2．额定电流

在额定电压、额定频率和额定工作制等规定条件下所允许通过的电流。它与触点的寿命、防护等级等因素有关。

3．通断能力

通断能力包括接通能力和断开能力，接通能力指开关闭合时不会造成触点熔焊的能力；断开能力指断开时能可靠灭弧的能力。

4．寿命

寿命包括电寿命和机械寿命。电寿命指电器在规定的使用条件下不需要维修或更换零部件的操作次数；机械寿命指电器在无电流情况下能操作的次数。

思考与练习题

1．简述继电器-接触器电气控制系统的特点。

2．简述可编程控制器的特点。

3．常用低压电器按功能（用途）分为哪几类？按操作方式分为哪几类？

4．低压电器的主要技术指标有哪些？

5．什么叫低压电器？什么叫高压电器？

常用低压电器

2.1 常用低压电器的组成

常用低压电器种类比较多,但在结构上基本类似。

常用低压电器一般由三个基本部分组成,一是感受部分,二是执行部分,三是中间部分。常用低压电器的结构框图如图 2-1 所示。

(1) 感受部分:它的作用是检测外界信号。在手动电器中,感受部分通常为操作手柄、推杆等;在自动电器中,感受部分大多是电磁结构的。

图 2-1 常用低压电器的结构框图

(2) 执行部分:它的作用是根据指令,做出有规律的反应,执行电路接通、分断等任务,实现控制的目的。执行部分为触头系统,触头系统包括动触头和静触头,动触头和静触头之间的状态分为常开(动合)触点和常闭(动断)触点。

常开触点又叫动合触点,是指电气设备在未通电或未受外力作用时的常态下,触点处于断开状态——常开;当电器通电或接受到外部信号后,触点动作,触点由断开的状态变化到闭合的状态,称动合,因此常开触点又称为动合触点。常闭触点又叫动断触点,是指电气设备在未通电或未受外力的作用时的常态下,触点处于闭合状态——常闭;当电器通电或接受到外部信号后,触点动作,触点由闭合的状态变化到断开的状态,称动断,因此常闭触点称为动断触点。触点的常开、常闭状态指未加外部信号时,触点所处的状态。动合、动断指触点在加信号后将处于的状态。

(3) 中间部分:它的作用是把感受部分和执行部分联系起来,将感受部分检测到的信号传递到执行部分,使它们协调一致,按一定的规律动作。

常用低压电器还有其他部分,如灭弧系统等。

2.2　主令电器

主令电器是用来发布控制命令的电器,用以接通和分断小电流的控制电路。直接或通过继电器、接触器间接地对被控对象进行起动、停止、调速或制动等控制。主令电器的种类很多,本节主要介绍按钮、转换开关、行程开关和接近开关等常用的主令电器。

2.2.1　按钮

按钮是在小电流控制电路中用手动操作发出短时控制信号的主令电器。只能在控制电路中使用。按钮的种类有许多种,适用于不同的使用场合,按钮的外形如图 2-2 所示。紧急式按钮装有突出的蘑菇形钮帽以便于在紧急情况下操作方便;旋转式按钮用于选择工作方式;钥匙式按钮为了安全起见,需用钥匙插入后才可操作;指示灯式按钮在透明的按钮内装入指示灯,用作信号显示等。

1. 按钮的结构

按钮一般由按钮帽、触头系统(静触头和桥式动触头)、复位弹簧和外壳等组成,按钮的结构如图 2-3 所示。

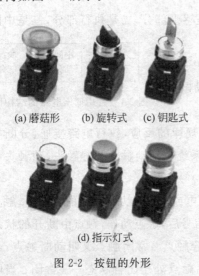

(a) 蘑菇形　　(b) 旋转式　　(c) 钥匙式

(d) 指示灯式

图 2-2　按钮的外形

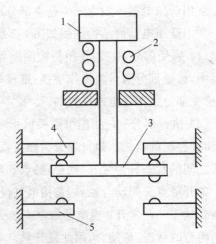

图 2-3　按钮的结构

1—钮帽;2—复位弹簧;3—动触头;4、5—静触头

2. 按钮的工作原理

按钮的钮帽为感受部分;触头系统为执行部分,包括常开(动合)触点和常闭(动断)触点。

当用手按下按钮的钮帽,在外加的作用力大于弹簧的弹力时,触头系统动作,常闭触点断开,常开触点闭合;当松开按钮时,在弹簧的弹力作用下,触头系统回复到原位,触点恢复常态,按钮会发出短时的输出信号。

对于复合按钮,按下钮帽时,桥式动触头向下运动,使常闭触点先断开后,常开触点才闭合；当松开按钮帽时，则闭合的常开触点先断开复位后，断开的常闭触点再闭合复位。

3. 按钮的符号

按钮的文字符号为 SB，图形符号如图 2-4 所示，有常开按钮、常闭按钮、复合按钮及急停按钮。当一个控制系统中有多个按钮时，文字符号后面加序号进行区别，如 SB_1、SB_2 等。

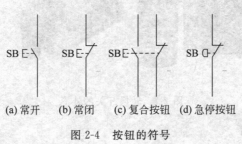

(a) 常开　(b) 常闭　(c) 复合按钮　(d) 急停按钮

图 2-4　按钮的符号

4. 按钮的型号及含义

按钮的型号及含义如图 2-5 所示。

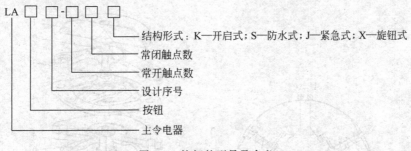

图 2-5　按钮的型号及含义

5. 按钮的颜色和形状

红色的按钮表示停止；绿色的按钮表示起动；黄色的按钮表示应急或警示信号；红色蘑菇形按钮常用做急停按钮等。

选择按钮形式的根据如下。

(1) 根据使用的场合选择开启式、防水式或防腐蚀等。

(2) 根据控制回路选择单钮、双钮、三钮还是多钮，如图 2-6 所示。

(3) 根据用途选择带指示灯、钥匙式或紧急式等。

(4) 根据工作状态及工作情况要求选择指示灯的颜色。

图 2-6　单钮、双钮和三钮

2.2.2　转换开关

转换开关又称组合开关，是一种多挡位的开关电器。可以控制两路或两路以上电源或负载的转换，有单极、两极、三极及多挡位。转换开关的外形如图 2-7 所示。主要在控制电路中用于电路的转换，也可以作为电源的引入开关、换接电源和负载，用作不频繁地接通和断开电路,可以控制 5kW 及以下的小容量异步电动机的正/反转及星形-三角形降压起动。

图 2-7 转换开关的外形

1．转换开关的结构

转换开关的结构由手柄、转轴、弹簧、凸轮、接线柱及多组叠装在一起的相同结构的触点组件等组成。凸轮安装在转轴上,静触头固定在转换开关的外壳上。转换开关的结构如图 2-8 所示。

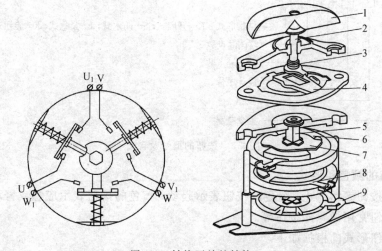

图 2-8 转换开关的结构

1—手柄;2—转轴;3—弹簧;4—凸轮;5—绝缘垫板;6—动触头;7—绝缘方轴;8—静触头;9—接线柱

2．转换开关的工作原理

转换开关依靠手柄转动来操作凸轮的转动,凸轮变换半径进行定位,操作动触头与静触头的通断。当转换开关的手柄转到不同角度的位置时,触头的通断状态是不同的。转换开关的位置是用手柄转动的角度表示的,通常有 30°、45°、60°和 90°等。

3．转换开关的符号

转换开关的文字符号为 SA,图 2-9 所示为双极和三极转换开关的图形符号。多挡位的转换开关的触头接线关系也可以用触头接线表表示,图 2-10 所示为 LW5-15D0403/2 多挡位转换开关的图形符号、文字符号及触头接线表。

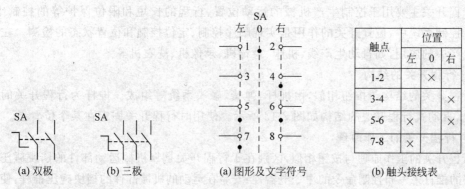

触点	位置		
	左	0	右
1-2		×	
3-4			×
5-6	×		×
7-8	×		

(a) 双极　　(b) 三极

图 2-9　转换开关的符号

(a) 图形及文字符号　　(b) 触头接线表

图 2-10　多挡位转换开关的图形符号、文字符号及触头接线表

4. 转换开关的型号及含义

转换开关的型号及含义如图 2-11 所示。

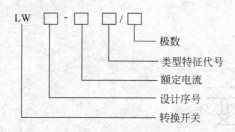

极数
类型特征代号
额定电流
设计序号
转换开关

图 2-11　转换开关的型号及含义

2.2.3　行程开关

行程开关又叫限位开关或位置开关,是一种由物体的位移决定电路通断的开关。它的种类很多,可分为直动式、滚轮式、微动式和组合式的行程开关,其主要区别在于传动操作方式和传动头形式的变化。行程开关的外形如图 2-12 所示。

图 2-12　行程开关的外形

行程开关主要用于控制生产机械的运动位置、行程的长短和限位保护等的控制中。在电气控制系统中,位置开关的作用是实现顺序控制、定位控制和位置状态的检测。在生活和生产中的应用,如自动生产线、机床、录音机、录像机、洗衣机等。

1. 行程开关的结构

行程开关的结构与按钮相似,由推杆、弹簧、触头系统等组成。推杆为行程开关的感受部分,直动式行程开关的结构如图 2-13 所示。使用时行程开关固定在某个位置上。

2. 行程开关的工作原理

行程开关的工作原理与按钮相似,区别在于行程开关是靠机械运动部件的挡块碰压行程开关的推杆来发布控制命令的主令电器,当安装在运动的机械部件的挡块碰压推杆,使其触头动作,常闭触点断开,常开触点闭合,输出控制信号,用来控制电路的接通或分断。

3. 行程开关的符号

行程开关的文字符号为 SQ,图形符号如图 2-14 所示,有常开触点、常闭触点和复合触点。

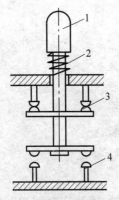

图 2-13 直动式行程开关的结构
1—推杆;2—弹簧;3—常闭(动断)触点;
4—常开(动合)触点

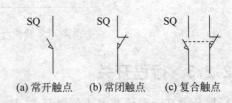

(a) 常开触点　(b) 常闭触点　(c) 复合触点

图 2-14 行程开关的符号

4. 行程开关的型号及含义

行程开关的型号及含义如图 2-15 所示。

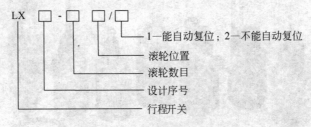

图 2-15 行程开关的型号及含义

常用的行程开关的型号有 JW 和 LX 系列,机床及其他生产机械、自动生产线上常用 JW2、JW2A、LX19、LX31、LXW5、3SE3 等系列,起重设备常用行程开关有 LX22、LX33

等系列。

2.2.4 接近开关

接近开关又称无触点行程开关,是一种开关型传感器(无触点开关),它既有行程开关、微动开关的特性,同时具有传感性能,是一种无须与运动部件直接接触,不需要施以机械力而可以使触点动作的开关,其外形如图 2-16 所示。

接近开关的特点是动作可靠,响应快,抗干扰能力强,性能稳定,还能防水、防振、耐腐蚀等。与机械式行程开关相比,接近开关的定位精度、操作频率、使用寿命、安装调整的方便性和对恶劣环境的适应能力都更胜一筹。

图 2-16 接近开关的外形

接近开关广泛应用于机床、冶金、化工、轻纺和印刷等行业的自动控制系统中,在航空、航天领域中也有广泛的应用。可用于定位、测速、限位、高速计数、检测金属和保护环节等。在日常生活中,如宾馆、饭店、车库的自动门,自动热风机,博物馆,金库等重地的安全防盗装置中都有接近开关的应用。

1. 接近开关的组成

接近开关的种类比较多,按工作原理可以分为:高频振荡型接近开关、电容型接近开关、磁感应式接近开关、非磁性金属式接近开关。高频振荡型的接近开关应用最广。

(1)高频振荡型接近开关主要由高频振荡器组成的感应头、放大电路和输出电路组成。高频振荡器在接近开关的感应头产生高频交变磁场,当金属物体进入高频振荡器的线圈磁场时,即金属物体接近感应头时,在金属物体内部感应产生涡流损耗,吸收振荡器的能量,破坏了振荡器起振的条件,使振荡停止。振荡器起振和停振两个信号经放大电路放大,转换成开关信号输出。

(2)电容型接近开关主要由电容式振荡器和电子电路组成,电容接近开关的感应面由两同轴金属电极构成,电极 A 和电极 B 连接在高频振荡器的反馈回路中,该高频振荡器没有物体经过时不感应,当测试物体接近传感器表面时,它就进入由这两个电极构成的电场,引起电极 A、B 之间的耦合电容增加,电路开始振荡,每一振荡的振幅均由数据分析电路测得,并形成开关信号。

(3)磁感应式接近开关当磁性目标接近时,舌簧闭合经放大输出开关信号。适用于气动、液动、气缸和活塞泵的位置测定,也可作限位开关用。

(4)非磁性金属式接近开关由振荡器、放大器组成,当非磁性金属(如铜、铝、锡、金、银等)靠近检测面时,引起振荡频率的变化,经差频后产生一个信号,经放大,转换成二进制开关信号,起到开关作用,而对磁性金属(如铁、钢等)则不起作用,可以在铁金属中埋入式安装,作为检测装置使用。

2. 接近开关的工作原理

接近开关的工作原理是当物体与之接近到一定距离时就可以发出动作信号。不需要机械接触及施加任何压力即可使开关的触头系统动作,使常闭触点断开,常开触点闭合,即可发出控制信号。接近开关也是理想的电子开关量传感器,当金属检测体接近开关的感应区域,开关就可以无接触、无压力、无火花、迅速发出控制指令,并能准确反应出运动机构的位置和行程。

3. 接近开关的符号

接近开关的文字符号为 SQ,图形符号如图 2-17 所示,有常开触点、常闭触点和复合触点。

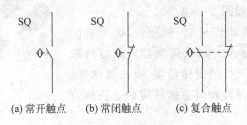

(a) 常开触点   (b) 常闭触点   (c) 复合触点

图 2-17   接近开关的符号

4. 接近开关的型号

常用的传感器型接近开关型号有 SN-2NO 系列、SN-4NUO 系列、SN-5NUO 系列等。

2.2.5 光电开关

光电开关是利用光电效应做成的开关,又称为光电式接近开关,是光电传感器。光电开关利用被检测物对光束的遮挡或反射,由同步回路选通电路,把发射端和接收端之间光的强弱变化转化为电流的变化,产生输出信号。按检测方式分类可分为漫射式、对射式、镜面反射式、槽式和光纤式光电开关,其外形如图 2-18 所示。

图 2-18   光电开关外形

光电开关用于作物位检测、液位控制、产品计数、宽度判别、速度检测、定长剪切、孔洞识别、信号延时、自动门传感、色标检出、冲床和剪切机以及安全防护等。它可非接触、无损伤地迅速控制各种固体、液体、透明体、黑体、柔软体和烟雾等物质的状态和动作。利用红外线的隐蔽性,还可在银行、仓库、商店、办公室以及其他需要的场合作为防盗警戒之用。

光电开关的特点是体积小、功能多、寿命长、精度高、响应速度快、检测距离远以及抗光、电、磁干扰能力强等。

1. 光电开关的结构

光电开关是由发光器、受光器和检测电路三部分组成。发光器与受光器按一定方向装在同一个或不同的检测头内。有的发光器和受光器是一体(反射式)的,有的发光器和受光器是互相分离(对射式)的,如图 2-19 所示。常见的发光器为发光二极管,受光器为光敏二极管或光敏三极管。发光器的光源有的是用白炽灯,有的是冷光源,所使用的冷光源有红外光、红色光、绿色光和蓝色光等。

图 2-19　对射式光电开关

2. 光电开关的工作原理

光电开关的发光器对准目标不间断地发出光束,光的强度取决于激励电流的大小,当有被检测物体(反光面)接近时,受光器件接收到反射光后"感知"有物体接近,因为光电效应而产生了光电流,由受光器输出端引出,便产生输出信号,使开关动作,从而控制电路的接通或断开。

3. 光电开关的型号

光电开关常用的型号有 E3F-DS10C4 系列、WS/WE100-P14319 系列、FFT-310-Q 系列,松下反射式有 CX-443-P 系列。

2.3　常用控制类电器

电气控制系统中常用的控制类电器有接触器、继电器(包括中间继电器、时间继电器、速度继电器、压力继电器、液位继电器等)。

接触器是一种自动电器,它的电磁机构可以根据电压信号的变化使触点动作,当电压信号达到一定值,自动接通或分断大电流的电路,即接通或分断主电路,可以实现远距离控制。它的主触点用在主电路中,辅助触点用在控制电路中。主触点由于通断大电流的主电路,所以装有灭弧装置;辅助触点用于通断小电流的控制电路。

继电器也是一种自动电器,它是根据电量(电流、电压)或非电信号(时间、速度、压力及液位等)的变化自动接通或断开小电流(电流一般小于 5A)的控制电路,以完成控制或保护任务的自动电器。继电器的输入量(如电流、电压、温度、压力等)变化到某一定值时继电器的触头系统动作,使触点接通或分断控制回路。由于继电器通断的电流比较小,其触点用于控制电路中,所以继电器的触点结构简单,不安装灭弧装置。

继电器的种类和形式很多,主要有以下几种分类。

(1) 按输入信号分为电流继电器、电压继电器、时间继电器、热继电器以及温度继电器、压力继电器、液位继电器、速度继电器和中间继电器等。

(2) 按工作原理分为电磁式继电器、感应式继电器、电动式继电器、电子式继电器等。

(3) 按输出形式分为有触点和无触点两类。

(4) 按用途分为控制系统用继电器、电力系统用继电器和保护继电器。

2.3.1 接触器

接触器是一种自动接通或分断大电流电路的电器,即接通或分断主电路,可以实现远距离控制。接触器的外形如图 2-20 所示。接触器可用来频繁起动或停止的电动机、电焊机、电热器和电容器组等电气设备。

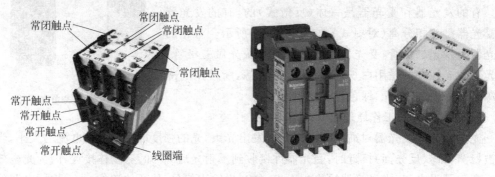

常闭触点　常闭触点　常闭触点　常闭触点　常开触点　常开触点　常开触点　常开触点　线圈端

图 2-20　接触器的外形

接触器具有控制容量大、工作可靠、操作频率高、使用寿命长等特点。

1. 接触器的分类

(1) 按照控制负载的电流类型分为交流接触器和直流接触器。

(2) 按照驱动方式可分为电磁式、气动式和液压式等。

(3) 按照主触点的极数分为单极、双极、三极、四极和五极等多种。

(4) 按照灭弧介质可分为空气式、油浸式和真空式等。

2. 接触器的结构

直流接触器与交流接触器结构和工作原理基本相同,不同之处在于交流接触器的吸引线圈由交流电源供电,直流接触器的吸引线圈由直流电源供电,另外由于通入直流接触器线圈是直流电,直流电没有瞬时值,在任意时刻有效值都是相等的,没有过零点,因此直流接触器衔铁上不用加装防止过零点电压较低产生的吸合力较小,造成接触器振动声音大等现象的短路环。

这里以交流接触器为例介绍接触器的结构及原理。交流接触器的结构由电磁机构、触头系统(包括主触点、辅助触点)、灭弧装置和其他部分等组成。

1) 电磁机构

电磁机构通常采用电磁铁的形式,由线圈和磁路两部分组成。磁路包括铁心(又称静铁心)、铁轭、衔铁(也称动铁心)和空气隙组成,如图 2-21 所示。常见的电磁机构有以下不同的分类。

(1) 按衔铁的运动方式分为:①衔铁沿棱角转动的拍合式,用于直流接触器,如图 2-21(a) 所示;②衔铁绕轴转动的拍合式,用于交流接触器,如图 2-21(b) 所示;③衔铁直线运动的双 E 形直动式,多用于交流接触器,如图 2-21(c) 所示。

(2) 按磁系统形状分为 U 形和 E 形。

(3) 按线圈的电流种类分为直流和交流。

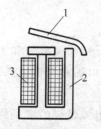
(a) 衔铁沿棱角转动的拍合式铁心

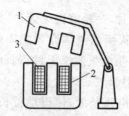
(b) 衔铁绕轴转动的拍合式铁心

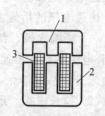
(c) 双E形直动式铁心

图 2-21 常见的电磁机构

1—衔铁；2—铁心；3—吸引线圈

（4）按线圈的连接方式分为并联（电压线圈）和串联（电流线圈）。

电磁机构是接触器的感受部分，其主要作用是检测外部加在吸引线圈上的电信号，检测到电信号后，将电能转换成机械能，使触头系统动作，完成接通或分断电路的控制作用。

电磁机构的工作原理：当吸引线圈加上电压后，线圈中有电流流过，根据电磁感应原理，电生磁，在线圈周围产生磁场，感应出磁通 Φ，在铁心、衔铁和工作气隙闭合的回路中，如图 2-22 中虚线所示，在铁心中产生电磁力，衔铁因为受到电磁力的吸引向铁心移动，当电磁力大于弹簧的拉力，并达到足够大（取决于线圈上所加的电压时），衔铁被铁心可靠地吸住。固定在衔铁上的触头传动系统带动触头系统动作，常闭（动断）触点断开，常开（动合）触点闭合。输出控制信号，实现控制电路的接通或分断。电磁力的大小取决于吸引线圈上所加的电压信号的大小。当吸引线圈上所加电压为额定电压时，产生的电磁力足以可靠

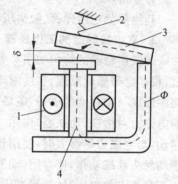

图 2-22 电磁机构工作原理

1—线圈；2—弹簧；3—衔铁；4—铁心

地吸引衔铁；当吸引线圈上所加电压不足或失去电压时，电磁力不足或没有电磁力，不能克服弹簧的拉力，就不能吸引衔铁移动，触头系统就不能动作了。因此接触器的线圈还具有欠压和失压保护的作用。

2）触头系统

触头系统是接触器的执行部分，用以接通或分断被控制的电路。

触头系统包括主触点和辅助触点。主触点用于通断电流较大的主电路，由接触面积较大的常开触点组成，一般有两对、三对或四对触点。辅助触点包括辅助常开（动合）触点和辅助常闭（动断）触点，用以通断电流较小的控制电路，起电气联锁的作用。

触点按接触形式可分为三种：点接触、线接触和面接触。面接触的触点面积大，允许通过大电流。主触点一般为接触面比较大的面接触，辅助触点通常为点接触和线接触。

3）灭弧装置

当接触器的主触点在分断较大电流时，分断电流瞬间，电压超过 10～12V，同时电流超过 80～100mA 时会产生强大的电弧——气体放电。在触头间的气隙中就会产生电弧，电弧的高温能将触头烧损，并且使电路不易断开，可能引起事故，因此，应采用适当措

施迅速熄灭电弧。

熄灭电弧的措施主要有两种，一是降温灭弧，二是拉长电弧。

（1）降温灭弧。使电弧与灭弧的流体介质或固体介质相接触，加强冷却和去游离作用，将电弧的温度迅速降低，加快电弧的熄灭过程。电弧有直流电弧和交流电弧两类，交流电流有自然过零点，故交流电弧较易熄灭。

（2）拉长电弧。迅速增加电弧长度，使得单位长度内维持电弧燃烧的电场强度不够而使电弧熄灭。

灭弧装置有如下四种。

（1）瓷吹式灭弧装置，用于直流接触器。

（2）灭弧栅，用于交流接触器。

（3）多断点灭弧，用于交流接触器。

（4）灭弧罩，用于交、直流接触器。

4）其他部分

其他部分包括弹簧、触头压力弹簧片、传动机构、短路环、接线柱、支架和底座等。

3．交流接触器的工作原理

交流接触器的结构如图 2-23 所示，当在吸引线圈上加工作电压时，线圈中有电流通过，根据电磁感应原理，在线圈周围会产生磁场，在静铁心中产生磁通，磁力线在闭合的磁路中形成一定强度的磁场，磁场强度的大小取决于吸引线圈所加电压的大小。由此产生的电磁力对衔铁（动铁心）作用，当电磁力大于弹簧的拉力时，吸引衔铁（动铁心）向静铁心移动，当电磁力足够大时，使衔铁与静铁心可靠闭合，同时通过传动机构由衔铁（动铁心）带动触头系统动作，使常闭（动断）触点断开，常开（动合）触点闭合；当吸引线圈上所加电压不足或未加电压时，磁场减弱或消失，铁心的电磁吸力小于弹簧的拉力或电磁吸力消失，在弹簧的弹力作用下，衔铁返回，并带动触头系统回复到原位，触点恢复常态。

综上所述，接触器的工作特点是当线圈得电时，触点动作，常闭（动断）触点断开，常开（动合）触点闭合；当线圈失电时，触点恢复常态。

4．接触器的符号

接触器的文字符号为 KM，图形符号如图 2-24 所示，包括线圈、主触点、辅助常开（动合）触点和辅助常闭（动断）触点等。

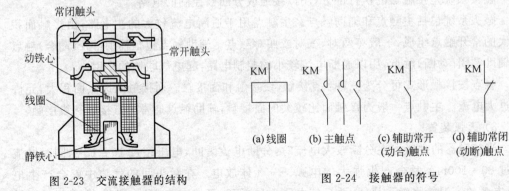

图 2-23　交流接触器的结构　　　　　　　　图 2-24　接触器的符号

5. 接触器的型号及含义

1）交流接触器的型号及含义

交流接触器的型号及含义如图 2-25 所示。

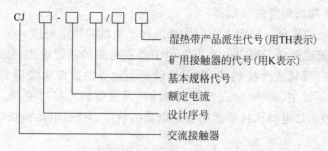

图 2-25 交流接触器的型号及含义

常用的交流接触器型号有 CJ12、CJ20、CJX1、CJ10、3TB、B 等系列。例如 CJ12-250/3 为 CJ12 系列交流接触器，额定电流 250A，有 3 个主触点。

2）直流接触器的型号及含义

直流接触器的型号及含义如图 2-26 所示。

常用的典型直流接触器型号有 CJX1、CJX2、CJ10、CJ20、CJ40、B、LC1-D、STB、3TF 等系列。常用的直流接触器型号有 CZ1、CZ3、CZ0 等系列。

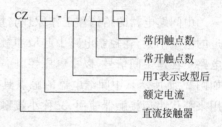

图 2-26 直流接触器的型号及含义

6. 接触器的主要技术参数

接触器的主要技术参数有主触点的额定电压、额定电流、主触点的允许切断电流、极数、触点数、操作频率、动作时间、机械寿命和电寿命等。

（1）电流种类：接触器分为直流接触器和交流接触器。直流接触器用于接通与分断直流主电路，交流接触器用于接通与分断交流主电路。

（2）额定电压：接触器铭牌上标注的额定电压是指主触点正常工作的额定电压。交流接触器常用的额定电压等级有 220V、380V 等；直流接触器常用的电压等级有 110V、220V 等。

（3）额定电流：接触器铭牌上标注的额定电流是指在额定电压下主触点通过的额定电流。

（4）主触点的接通和分断能力：指主触点在规定的条件下能可靠地接通和分断的电流值。在此电流值下，接通时主触点不发生熔焊，分断时不应产生长时间的燃弧。

（5）极数：即接触器主触头个数，有两极、三极和四极之分。用于控制三相异步电动机的接触器，一般选用三极的。

（6）额定操作频率：指接触器在每小时内的最高操作次数，交、直流接触器的额定操作频率为 150～1500 次/小时。

（7）寿命：包括机械寿命和电寿命。机械寿命指接触器所能承受的无载操作的次数，机械寿命为 500～1000 万次；电寿命指在规定的正常的工作条件下，接触器带负载操作的次数,电寿为 50～100 万次。

7. 接触器的选择

(1) 类型的选择。根据负载电流的种类选择接触器的类型。例如,交流负载选择交流接触器,直流负载选用直流接触器。

(2) 额定电压的选择。额定电压应大于或等于负载的额定电压。

(3) 额定电流的选择。额定电流应不小于负载电路的额定电流,如果用来控制电动机的频繁起动、正/反转或反接制动,应将接触器主触点的额定电流降低一个等级使用。在低压电气控制系统中,380V 的三相异步电动机是主要的控制对象,如果知道了电动机的额定功率,则控制该电动机接触器的额定电流的数值大约是电动机功率值的 2 倍(一个千瓦两个电流)。

(4) 线圈工作电压和辅助触头容量的选择。如果控制线路比较简单,所用接触器的数量较少,则交流接触器的线圈电压一般直接选用 380V 或 220V。如果控制线路比较复杂,使用的电器又比较多,为了安全起见,线圈的额定电压可选低一些。

2.3.2　中间继电器

中间继电器的结构和工作原理与接触器相似,中间继电器触点的数量多,触点允许通过的电流不大,在控制电路中起增加触点数量和中间放大的作用,用于信号转换,在控制电路中传递中间信号,以小电压控制高电压的中继作用,控制接触器,中间继电器的外形如图 2-27 所示。中间继电器的触点具有一定的带负荷能力,当负载容量比较小时,可以用来替代小型接触器使用,又称小接触器。例如电动卷闸门和一些小家电的控制。

图 2-27　中间继电器的外形

1. 中间继电器的结构

中间继电器是电磁式继电器。其结构主要由电磁机构和触头系统组成,如图 2-28 所示。电磁机构有线圈、铁心(静铁心)、衔铁(动铁心)。触头系统包括静触点和动触点,7、6 为常开触点,10、11 为常闭触点;还有反作用弹簧、触点弹簧、绝缘支架、止动螺钉、反作用调节螺母等。

2. 中间继电器的工作原理

中间继电器的工作原理与接触器相似。不同之处在于,中间继电器可以通过反作用

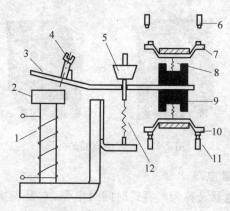

图 2-28 中间继电器的结构

1—线圈；2—铁心；3—衔铁；4—止动螺钉；5—反作用调节螺母；6、11—静触点；7、6—常开触点；
8—触点弹簧；9—绝缘支架；10、11—常闭触点；12—反作用弹簧

调节螺母 5，来调节反作用力的大小，从而调节了继电器的动作值的大小。中间继电器其线圈为电压线圈，当线圈加上电压信号后触头系统动作，常闭触点断开，常开触点闭合，其触点用于接通或分断小电流的控制电路。

3. 中间继电器的符号

中间继电器的文字符号为 KA，图形符号如图 2-29 所示，有线圈、常开(动合)触点和常闭(动断)触点。

4. 中间继电器的型号及含义

中间继电器的型号及含义如图 2-30 所示。

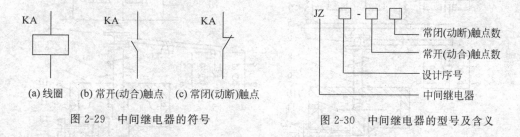

图 2-29 中间继电器的符号

图 2-30 中间继电器的型号及含义

2.3.3 时间继电器

时间继电器是利用电磁原理或机械原理实现延时控制的继电器。从它的感受部分检测到输入信号(线圈通电或断电)开始，到触点动作输出控制信号，要经过一定的延迟时间，这种继电器称为时间继电器。时间继电器的外形如图 2-31 所示。

时间继电器种类很多，根据动作原理分为直流电磁式、空气阻尼式、电动式、电子式等几大类。

根据延时方式分为通电延时和断电延时两种。

以空气阻尼式时间继电器为例介绍时间继电器的组成和工作原理。

图 2-31　时间继电器的外形

1. 空气阻尼式时间继电器

空气阻尼式时间继电器又称为气囊式时间继电器,它是根据空气压缩产生的阻力进行延时的。延时方式有通电延时和断电延时两种。延时时间有 0.4~60s 和 0.4~180s 两种规格。

1) 空气阻尼式时间继电器的组成

JS7-A 系列空气阻尼式时间继电器由电磁系统、触头系统(包括两个微动开关,有两对瞬时触点和两对延时触点)、空气室和传动机构等部分组成。图 2-32 所示为 JS7-A 系列空气阻尼式时间继电器的工作原理图。图 2-32(a)所示为通电延时型,图 2-32(b)所示为断电延时型。

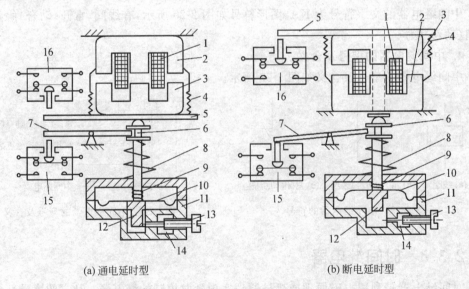

(a) 通电延时型　　　　　　　　　　　(b)断电延时型

图 2-32　JS7-A 空气阻尼式时间继电器的工作原理图

1—线圈；2—铁心；3—衔铁；4—反力弹簧；5—推板；6—顶杆；7—杠杆；8—塔形弹簧；9—弱弹簧；
10—橡皮膜；11—空气室壁；12—活塞；13—调节螺钉；14—进气孔；15—延时触点；16—瞬时触点

2) 空气阻尼式时间继电器的工作原理

图 2-32(a)所示为通电延时型时间继电器,当线圈 1 通电时,在线圈周围产生磁场,铁心 2 产生电磁吸力,使衔铁 3 克服反力弹簧 4 的阻力向铁心吸合,固定在衔铁上的推板 5 也跟着向铁心方向移动,推板压动瞬时触点 16 动作,使常闭触点瞬时断开,常开触点瞬时闭合。同时顶杆 6 在塔形弹簧 8 的弹力作用下向上移动,带动与活塞 12 连在一起的橡皮

膜 10 也向上移动,因为空气室里空气的进气量受进气孔 14 的限制,在橡皮膜的上面形成了空气稀薄的空间(处于真空状态),使顶杆不能立即迅速移动,它的移动速度取决于进气孔 14 进气的速度,使延时触点 15 并不能立即动作;随着空气室的空气逐渐增加,顶杆也随之逐渐上升,当上升到一定位置时,带动杠杆 7 使延时触点 15 动作,常闭触点断开,常开触点闭合。可见,当线圈通电时,延时触点 15 上的触点动作的时间比线圈得电的时间延迟了一段时间,延时时间的长短取决于空气室进气速度的快慢。

当线圈断电时,磁场消失,铁心的电磁吸力消失,衔铁在反力弹簧 4 弹力的作用下回到原位,使瞬时触点 16 的触点瞬时恢复常态;同时推杆压动顶杆推动橡皮膜将空气室中的空气迅速排出,顶杆带动杠杆 7 使延时触点 15 动作,触点立即恢复常态。在线圈断电时,触点立即恢复常态。

综上所述,通电延时型继电器的工作特点是,通电时延时触点延时动作,断电时触点立即恢复常态。

图 2-32(b)所示为断电延时型继电器,其结构和工作原理与通电延时时间继电器相似,只是电磁机构翻转了 180°。

当线圈 1 通电时,在线圈周围产生磁场,铁心 2 产生电磁吸力,衔铁 3 克服反力弹簧的阻力向铁心吸合,带着固定在衔铁上的推板 5 向铁心方向移动,推板 5 压动瞬时触点 16 动作,使常闭触点立即断开,常开触点立即闭合。同时衔铁压动顶杆向下运动,顶杆 6 带动杠杆 7 使延时触点 15 立即动作,常闭触点立即断开,常开触点立即闭合。可见,通电时触点立即动作。

当线圈 1 断电时,磁场消失,铁心 2 的电磁吸力消失,衔铁 3 在反力弹簧 4 作用下回复到原位,使瞬时触点 16 动作,瞬时触点立即恢复常态;衔铁上移后顶杆并不能立即抬起,因为空气室里进空气的速度受进气孔 14 的限制,随着空气室中的空气逐渐增加,使顶杆 6 逐渐向上移动,它移动的速度取决于进气孔 14 进气的速度,当顶杆上升到一定位置时,顶杆 6 带动杠杆 7 使延时触点 15 动作,常闭触点断开,常开触点闭合,延时触点 15 的动作比线圈断电的时间延迟了一定时间,即线圈断电时触点延时动作。

综上所述,断电延时型继电器的工作特点是,通电时触点立即动作,断电时延时触点延时动作。

3) 空气阻尼式时间继电器的特点

空气阻尼式时间继电器的优点是延时范围大(0.4~180s),不受电源电压波动和频率变化的影响,结构简单,寿命长,价格低;其缺点是延时精度低,无延时时间指示,受环境温度变化的影响,延时误差大。适于对延时精度要求不高的场合使用。

2. 直流电磁式时间继电器

1) 工作原理

直流电磁式时间继电器的工作原理是利用电磁系统在电磁线圈断电后磁通延缓变化工作的。对于电磁式时间继电器,当线圈在接受信号以后(通电或失电),其对应的延时触点使某一控制电路延时断开或闭合。

2) 电磁式时间继电器的特点

电磁式时间继电器的结构简单,价格低廉,延时时间较短,为 0.3~5.5s,只能用于直流断电延时,延时精度不高,体积大。常用的有JT3、JT18系列。

3) 电磁式时间继电器改变延时的方法

(1) 粗调,改变安装在衔铁上的非磁性垫片的厚度,垫片厚时延时短,垫片薄时延时长。

(2) 细调,调整反力弹簧的反力大小改变延时,弹簧紧则延时短,弹簧松则延时长。

3. 电动式时间继电器

电动式时间继电器调整延时的长短可通过改变整定装置中定位指针的位置实现。它分为通电延时和断电延时两种。

1) 电动式时间继电器的组成

电动式时间继电器由微型同步电动机、减速机构及触头系统组成。

2) 电动式时间继电器的工作原理

当加上电信号时,微型同步电动机拖动减速机构,减速机构带动触头系统动作,使得触点延时动作。

3) 电动式时间继电器的特点

优点:精度高,不受电源电压波动和环境温度变化的影响,延时误差小;延时范围大(几秒到几十个小时),延时时间有指针指示。

缺点:结构复杂,价格高,不适于频繁操作,寿命短,延时误差受电源频率的影响。

4. 电子式时间继电器

电子式时间继电器又分为阻容式、数字式和晶体管式。

1) 电子式时间继电器的工作原理

常用的有阻容式时间继电器。其工作原理是利用电容对电压变化的阻尼作用,即电容充放电再配合电子元件的原理实现延时。数字式时间继电器利用脉冲控制触头工作。图2-33所示为时间继电器的外形,图2-33(a)所示为数字式,图2-33(b)所示为电子式。它又分通电延时动作和断电延时动作。

(a) 数字式   (b) 电子式

图 2-33 电子式时间继电器的外形

2) 电子式时间继电器的特点

电子式时间继电器延时时间较长(几分钟到几十分钟),延时精度比空气阻尼式时间继电器好,体积小、机械结构简单、调节方便、寿命长、可靠性强。但延时受电压波动和环境温度变化的影响,抗干扰性差。

3) 电子式时间继电器调整延时的方法

调节波段开关,改变电阻的值,就可以改变延时时间的长短。

5. 时间继电器的符号

时间继电器的文字符号为KT,图形符号如图2-34所示,有一般线圈如图2-34(a)所示、通电延时线圈如图2-34(b)所示、断电延时线圈如图2-34(c)所示、延时闭合的常开触点如图2-34(d)所示、延时断开的常闭触点如图2-34(e)所示、延时断开的常开触点如图2-34(f)所示、延时闭合的常闭触点如图2-34(g)所示以及瞬时常开触点和瞬时常闭触点如图2-34(h)所示。

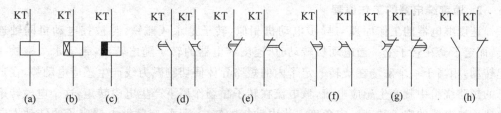

图2-34 时间继电器的图形符号和文字符号

(a) 一般线圈；(b) 通电延时线圈；(c) 断电延时线圈；(d) 延时闭合的常开触点；(e) 延时断开的常闭触点；
(f) 延时断开的常开触点；(g) 延时闭合的常闭触点；(h) 瞬时触点

6. 时间继电器的型号及含义

时间继电器的型号及含义如图 2-35 所示。

2.3.4 速度继电器

速度继电器是按速度原则动作的继电器。根据速度的快慢控制触头系统动作。速度继电器与接触器配合对异步电动机进行反接制动控制，当反接制动的转速下降到接近零时，其触点动作切断电路，所以速度继电器又称为反接制动继电器，外形如图 2-36 所示。

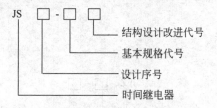

图 2-35 时间继电器的型号及含义

图 2-36 速度继电器的外形

速度继电器应用广泛，用于造纸业、箔的生产和纺织业的自动控制系统中。可以用来监测船舶、火车的内燃机引擎以及气体、水和风力涡轮机，还可以在船用柴油机以及柴油发电机组中应用，作为一个二次安全回路，当紧急情况发生时，迅速关闭引擎。

1. 速度继电器的组成

速度继电器的结构与异步电动机的结构相似，由转子、定子和触头系统三部分组成。速度继电器的转子是永久磁铁，使用时与被控电动机的转子同轴连接；其定子并不向电动机的定子那样固定在机座上不动，而是可以转动，定子上的摆锤称定子摆锤，在摆锤的两边各有一组触点，不论电动机向哪个方向转动，都会带着定子摆锤转动，都能使触头系统动作，摆动的方向不同，使不同组的触点动作，其触点串接在控制电路中。速度继电器的结构如图 2-37 所示。

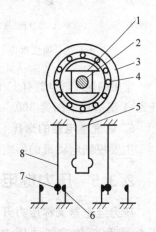

图 2-37 速度继电器的结构
1—转子；2—电动机的轴；3—定子；
4—绕组；5—定子摆锤；6—静触点；
7—动触点；8—簧片

2. 速度继电器的工作原理

速度继电器的工作原理与异步电动机相似,转子是永久磁铁,与被控电动机同轴连接,而定子套在转子上。当电动机转动时,速度继电器的转子随之转动,带动永久磁铁一起转动,相当于一个磁场在旋转。定子内的短路导体便切割磁力线产生感应电动势,在定子的短路绕组中就产生感应电流,该电流在转子磁场作用下产生电磁转矩,这个电磁转矩使速度继电器的定子转动一定角度。当电动机的转向不同,速度继电器定子的转动方向也不同,定子上的摆锤就向不同的方向摆动,当电动机的转速高于 120r/min 时,定子摆锤会使触点可靠动作,常闭(动断)触点断开,常开(动合)触点闭合;当异步电动机的转速低于 100r/min 时,定子摆锤回到原位,触点恢复常态。可以通过调节螺钉改变速度继电器动作的转速,以适应控制电路的要求。不论电动机的转向如何,都会使触头系统动作,发出控制信号。用户可以根据电动机转向,选取相应侧的触点,当两组触点都使用时应在文字符号上加以区分,如 KS-1 和 KS-2。

3. 速度继电器的符号

速度继电器的文字符号为 KS,图形符号如图 2-38 所示,有转子、常开(动合)触点和常闭(动断)触点,当两组触点都用时,用文字符号 KS-1 和 KS-2 表示,这里的 KS-1 和 KS-2 是指同一个速度继电器 KS 的不同组触点。

4. 速度继电器的型号及含义

速度继电器的型号及含义如图 2-39 所示。

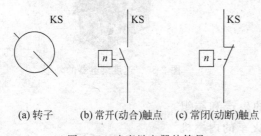

(a) 转子　　(b) 常开(动合)触点　　(c) 常闭(动断)触点

图 2-38　速度继电器的符号

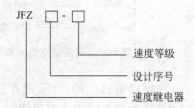

图 2-39　速度继电器的型号及含义

常用的速度继电器有 JY1 型和 JFZ0 型两种。其中,JY1 型适用范围为 700~3600r/min;JFZ0-1 型适用范围为 300~1000r/min;JFZ0-2 型适用范围为 1000~3600r/min。

5. 速度继电器的选择

主要根据电动机的额定转速、控制要求等进行选择。

2.3.5　压力继电器

压力继电器又称压力开关,其感受部分检测系统的压力,利用液体或气体压力的大小控制触头系统的动作。其外形如图 2-40 所示。当液体或气体的压力达到设定的压力时,输出控制信号。用来控制电磁阀、液压泵等,实现油路转换、泵的起停、执行元件的顺序动作控制及系统的安全保护等。

图 2-40　压力继电器的外形

1. 压力继电器的组成

柱塞式压力继电器主要包括由柱塞、机械限位器、调压弹簧、壳体、推杆、调节螺塞构成的压力传送装置和微动开关。图 2-41 所示为 HEDI 型压力继电器的结构图。

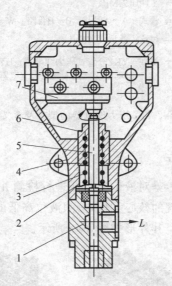

图 2-41　HEDI 型压力继电器的结构

1—柱塞；2—机械限位器；3—调压弹簧；4—壳体；5—推杆；6—调节螺塞；7—微动开关

2. 压力继电器的工作原理

如图 2-41 所示柱塞式压力继电器的工作原理，液体从继电器下端进油口进入继电器，推动柱塞 1 向上移动，当液体的压力达到调定的压力值时，柱塞 1 克服弹簧反力，通过推杆 5 推动微动开关 7，微动开关的触点动作，常闭（动断）触点断开，常开（动合）触点闭合，输出控制信号，控制如电磁铁、电动机、时间继电器、电磁离合器等电气元件。调节螺塞可以改变设定压力。

注意：压力继电器必须放在压力有明显变化的地方才能输出电信号。实现在某一设定的压力时，输出一个电信号的功能。

3. 压力继电器的符号

压力继电器文字符号是 KP，图形符号如图 2-42 所示，有常开触点和常闭触点。

4. 压力继电器的型号及含义

压力继电器的型号及含义如图 2-43 所示。

5. 压力继电器的选择

压力继电器的选择根据如下。

（1）根据所测对象的压力的大小，例如所测压力范围在 8kg 以内，那么就要选用额定 10kg 的压力继电器。

（2）根据接口管径的大小。

（3）根据电路中的额定电压。

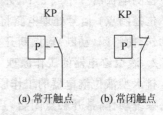

(a) 常开触点　　(b) 常闭触点

图 2-42　压力继电器的符号

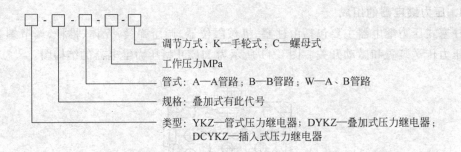

图 2-43 压力继电器的型号及含义

2.3.6 液位继电器

液位继电器又称液位开关,是对液位的高低进行检测并发出控制信号的液位控制元件。它是自动给、排水控制系统的核心元件,按照液位高低的要求接通或分断水泵控制电路,能够实现自动供水和排水。其外形如图 2-44 所示。

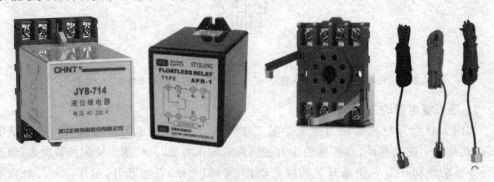

图 2-44 液位继电器的外形

液位继电器按照工作方式分为排水型、给水型及基本型。按照检测元件与液位是否接触分为接触式(如浮球开关)和非接触式(如远红外线)。

液位继电器具有电路简便、体积小、重量轻、功耗小、稳定性高等优点。采用电子管插入式结构,使用方便。广泛应用于水泵、水塔控制以及锅炉等工业设备中。液位开关控制和水位控制器配合进行液位的自动控制。

1. 液位继电器的组成

液位继电器由液位检测电极(导线)、信号处理电路及触头系统组成,如图 2-45 所示。液位检测电极有 2 个或 3 个,分别用来检测液位的高位控制点、液位的中位控制点及液位的下位控制点;信号处理电路将检测电极的信号转换成电信号送出控制信号控制触头系统动作,使常闭(动断)触点断开,常开(动合)触点闭合。

2. 液位继电器的工作原理

排水型液位继电器的工作原理:当液位上升到高点水位时,水与上限检测电极接触,触头系统动作,常开触点闭合,启动排水泵进行排水;当液位下降到低于中点水位以下时,水与下限检查电极脱离接触,触点系统复位,常开触点恢复常态,控制水泵停止排水。

供水型液位继电器的工作原理：当水位下降到低于中点水位以下时，水与下限检查电极脱离接触，触头系统动作，常开触点闭合，控制水泵启动，进行供水；当液位上升到高水位点，水与上限检测电极接触，触点系统复位，常开触点恢复常态，控制水泵停止工作，即停止加水。

3. 液位继电器的符号

液位继电器的文字符号为 KL，图形符号如图 2-46 所示，有常开触点和常闭触点。

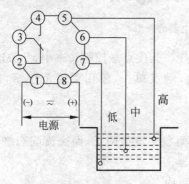

图 2-45 液位继电器结构

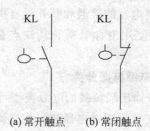

(a) 常开触点　(b) 常闭触点

图 2-46 液位继电器的符号

4. 液位继电器的型号及含义

液位继电器的型号及含义如图 2-47 所示。

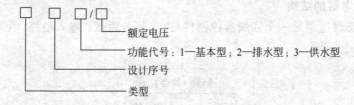

额定电压
功能代号：1—基本型；2—排水型；3—供水型
设计序号
类型

图 2-47 液位继电器的型号及含义

常用的型号有 JYB-714、JYB-3 晶体管液位继电器、C61F-GP 型液位继电器、HHY系列液位继电器等。

2.3.7 固态继电器

固态继电器简称 SSR(Solid State Relay)，是一种全电子电路组合的新型无触点开关元件，它依靠半导体器件和电子元件的电、磁和光特性完成其隔离和继电切换功能，实现无触点接通和断开电路。由于它采用固体半导体元件组装成无触点开关，因此它没有电弧，其外形如图 2-48 所示。固态继电器在许多自动控制装置中替代了常规的继电器，控制电路与主控电路之间用光电耦合的方式隔离，实现用小电流、低电压控制大电流、高电压的目的。

固有继电器广泛应用于计算机外围接口装置、电炉加热恒温系统、数控机械、遥控系统、工业自动化装置；另外在化工、煤矿等需防爆、防潮、防腐蚀场合中都有大量使用。随着电子技术的发展，其应用范围越来越广。

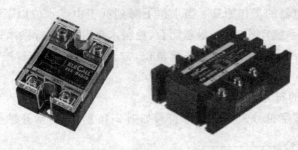

图 2-48 固态继电器的外形

固态继电器的接通和断开没有机械接触部件。其优点是控制功率小、开关速度快、工作频率高、使用寿命长等；其缺点是漏电流大，触点单一，使用温度范围窄，过载能力差等。

1. 固态继电器分类

（1）按输出端负载的电源类型可分为直流型和交流型两类，而交流固态继电器又可分为单相交流固态继电器和三相交流固态继电器。

（2）按输出电路形式分为常开式和常闭式两种。

（3）按其工作性质分为直流输入-交流输出型、直流输入-直流输出型、交流输入-交流输出型、交流输入-直流输出型。

（4）按其结构分为机架安装型（面板安装）、线路板安装型。

2. 固态继电器的结构

单相的固态继电器是一个四端有源器件，由三部分组成：输入电路、隔离（耦合）和输出电路，如图 2-49 所示。

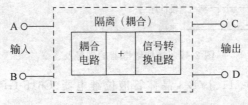

图 2-49 固态继电器的结构

（1）输入电路。对于控制电压固定的控制信号，采用阻性输入电路。有些输入控制电路还具有与 TTL/CMOS 兼容、正/负逻辑控制和反相等功能，可以方便地与 TTL/MOS 逻辑电路连接。控制电流保证大于 5mA。对于大的变化范围的控制信号（如 3～32V），则采用恒流电路，保证在整个电压变化范围内电流大于 5mA，可靠工作。

（2）隔离（耦合）用于输入与输出电路的隔离。耦合方式有光电耦合和变压器耦合两种：光电耦合通常使用光电二极管-光电三极管、光电二极管-双向光控可控硅、光伏电池，实现控制侧与负载侧隔离控制；高频变压器耦合是利用输入的控制信号产生的自激高频信号耦合到次级，经检波整流，逻辑电路处理形成驱动信号。

（3）输出电路。SSR 的功率开关直接接入电源与负载端，实现对负载电源的通断切换。直流输出时可使用双极性器件或功率场效应管，交流输出时通常使用两个可控硅或一个双向可控硅。

3. 固态继电器的工作原理

工作时在 AB 端加上一定的控制信号,就可以控制 CD 两端之间的接通和分断,实现开关的控制作用。其中耦合电路的功能是为 AB 端输入的控制信号提供一个输入/输出端之间的通道。但在电气上断开 SSR 中输入/输出之间的(电)联系,以防止输出端对输入端的影响,耦合电路用的元件是"光耦合器",其动作灵敏、响应速度高、输入/输出端之间的绝缘等级高。

4. 固态继电器的使用

固态继电器 SSR 为电流驱动型,使用时应注意如下几点。

(1) 固态继电器的选择应根据负载的类型确定,并采取有效的过压保护。

(2) 输出端应采取 RC 浪涌吸收电路或非线性压敏电阻来吸收瞬变电压。

(3) 严禁负载侧短路,以免损坏固态继电器。

(4) 安装时应采取相应的散热方式。

2.4 常用保护类电器

电气控制系统中,一个好的控制系统除了能够完成控制功能以外,还要安全可靠,因此保护类电器必不可少。针对电气控制系统中常见的故障,如短路故障,过载故障、过压、过流、欠压、欠流等故障,要采用相应的保护类电器进行保护,如熔断器、热继电器、过电压继电器、过电流继电器、欠电压继电器和欠电流继电器等。

2.4.1 熔断器

熔断器又称为保险丝,利用电流流经导体会使导体发热,其自身产生热量达到导体的熔点后使导体熔断,从而使电路断开,断开电路保护用电设备和线路不被烧坏,实现短路保护。熔断器外形如图 2-50 所示。

熔断器常见的种类包括插入式熔断器、螺旋式熔断器、封闭式熔断器、快速熔断器和自复熔断器等。根据使用电压可分为高压熔断器和低压熔断器。熔断器的特点是结构简单、使用方便、价格低廉、选择性好。

图 2-50 熔断器的外形

熔断器广泛应用于高、低压配电系统和控制系统以及用电设备中,作为短路和过电流的保护器,是应用最普遍的保护器件之一。

1. 熔断器的结构

熔断器主要由熔体、熔管、外加填料及支座等部分组成。其中,熔体是控制熔断特性的关键元件。熔体的材料、尺寸和形状决定了熔断特性。熔体材料分为低熔点和高熔点两类。低熔点材料如铅和铅合金,其熔点低容易熔断,由于其电阻率较大,故制成熔体的截面尺寸较大,熔断时产生的金属蒸气较多,只适用于低分断能力的熔断器。高熔点材料如铜、银,其熔点高,不容易熔断,但由于其电阻率较低,可制成比低熔点熔体较小的截面尺寸,熔断时产生的金属蒸气少,适用于高分断能力的熔断器。熔体的形状分为丝状和带状两种。改变截面的形状可显著改变熔断器的熔断特性。

2. 熔断器的工作原理

使用时,将熔断器串联在被保护电路中,当被保护电路的电流超过限定的数值后,由于电流的热效应,使熔体的温度急剧上升,超过熔体的熔点,熔断器中的熔体熔断分断电路,使电路断开,从而起到保护的作用。

熔断器熔体的熔化电流值与熔断时间的关系称为熔断器的保护特性曲线,也称为熔断器的安秒特性,如图 2-51 所示。I_q 为最小熔化电流,当通过熔断器的电流小于此电流时熔断器不会熔断。$K_q = I_q / I_N = 1.5 \sim 2.0$,称为熔化系数。熔断器具有反时延特性,当过载电流小时,熔断时间长;过载电流大时,熔断时间短。因此,在一定过载电流范围内至电流恢复正常,熔断器不会熔断,可以继续使用。

3. 熔断器的符号

熔断器的文字符号为 FU,图形符号如图 2-52 所示。

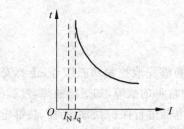

图 2-51 熔断器的安秒特性曲线   图 2-52 熔断器的符号

4. 熔断器的型号及含义

熔断器的型号及含义如图 2-53 所示。

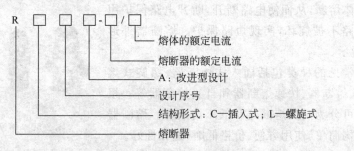

图 2-53 熔断器的型号及含义

5. 熔断器的主要技术参数

(1) 额定电压。熔断器的额定电压是指熔断器长期工作时和分断后,能正常工作的电压,其值一般应大于或等于熔断器所接电路的工作电压。

(2) 额定电流。熔断器的额定电流是指熔断器长期工作,温升不超过规定值时所允许通过的电流。一个额定电流等级的熔管,可以配合选用不同额定电流等级的熔体。但熔体的额定电流必须小于或等于熔断器的额定电流。

（3）极限分断能力。熔断器极限分断能力是指在规定的额定电压下能分断的最大短路电流值。它取决于熔断器的灭弧能力。

6. 熔断器的选择

选择熔断器应根据以下几个方面考虑。

（1）熔断器类型的选择。主要根据负载的过载特性和短路电流的大小选择。

（2）熔断器额定电压的选择。熔断器的额定电压应大于或等于实际电路的工作电压。

（3）熔断器额定电流的选择。熔断器的额定电流应大于等于所装熔体的额定电流，确定熔体电流是选择熔断器的重要任务，主要有以下几个原则：

① 对于没有冲击性电流的负载，如照明线路或电阻炉等，熔断器作过载和短路保护用，熔体的额定电流应大于或等于负载的额定电流，即 $I_{RN} \geqslant I_N$，式中，I_{RN} 为熔体的额定电流，I_N 为负载的额定电流。

② 电动机的起动电流很大，熔体在短时通过较大的起动电流时不应熔断，因此熔体的额定电流选的较大，熔断器对电动机只宜作短路保护而不用作过载保护。

③ 在小容量变流装置中（可控硅整流元件的额定电流小于 200A）熔断器的熔体额定电流则应按下式计算：

$$I_{RN} = 1.57 I_{SCR}$$

式中：I_{SCR} 为可控硅整流元件的额定电流。

（4）校验熔断器的保护特性。熔断器的保护特性与被保护对象的过载特性要有良好的配合，同时熔断器的极限分断能力应大于被保护线路的最大电流值。

（5）熔断器的上、下级的配合。为使两级保护相互配合良好，两级熔体额定电流的比值不小于 1.6∶1，或对于同一个过载或短路电流，上一级熔断器的熔断时间至少是下一级的 3 倍。

2.4.2 热继电器

热继电器是专门用来对连续运行的电动机或其他电气设备、电气线路进行过载及断相保护，以防止电动机由于过载而损坏的保护电器。热继电器的外形如图 2-54 所示。

图 2-54 热继电器的外形

因为在生产实际中，电动机拖动生产机械工作的过程中，常常会出现过载的情况，使电动机的转速下降，绕组中的电流增大，超过额定电流，引起电动机绕组的温度升高，若过载电流不大并且过载的时间较短,电动机绕组的温升不超过允许的温升,这种过载是允许的。但是,如果过载时间过长,过载电流大,将使电动机绕组积累的热量引起绕组温升超过允许值,就会使电动机绕组老化,缩短电动机的使用寿命,严重时甚至会使电动机绕组表面的绝缘层烧毁,引起短路,使电动机损坏。所以,这种过载是电动机不能承受的。热继电器就是利用电流的热效应原理,在电动机出现不能承受的过载时及时切断电动机电路,为电动机提供过载保护。

1. 热继电器的分类

(1) 按照相数分为单相、两相和三相式三种类型。

(2) 按照功能分为带断相保护装置的和不带断相保护装置的。

(3) 按照复位方式分为自动复位的和手动复位的,所谓自动复位是指触头断开后能自动恢复。

(4) 按照温度补偿分为带温度补偿的和不带温度补偿的。

2. 热继电器的结构

热继电器的结构主要由感温元件、触头系统(包括常开触点和常闭触点)、动作机构、复位按钮、电流调节装置、温度补偿元件等组成,热继电器的结构如图 2-55 所示。

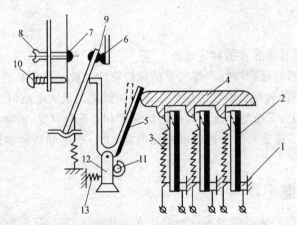

图 2-55　热继电器的结构

1—接线端;2—主双金属片;3—电阻丝;4—导板;5—补偿双金属片;6、7—静触点;
9—动触点;8—复位螺钉;10—按钮;11—调节旋;12—支撑杆;13—弹簧

感温元件由双金属片及绕在双金属片外面的电阻丝组成。双金属片是由两种膨胀系数不同的金属以机械碾压的方式结合在一起的。使用时,热继电器的感温元件与主电路中电动机的定子绕组串联,热继电器的常闭(动断)触点与控制电路中的接触器线圈串联。

调节整定电流调节旋钮,使人字形拨杆与推杆的距离适当。当电动机正常工作时,通过热元件的电流即为电动机的额定电流,热元件发热,双金属片受热后弯曲,使推杆刚好与人字形拨杆接触,而又不能推动人字形拨杆。常闭触点处于闭合状态,交流接触器保持吸合,电动机正常运行。

3. 热继电器的工作原理

使用时,热继电器的感温元件与主电路中电动机的定子绕组串联,热元件有两相和三相的；热继电器的常闭(动断)触点与控制电路中接触器的线圈串联。当电动机出现过载情况，即定子绕组中电流超过额定电流，通过热继电器的电阻丝 3 时，热积累使主双金属片 2 受热膨胀并弯曲，由于两个金属片的膨胀系数不同，所以就弯向膨胀系数较小的一面；金属片的弯曲，推动导板 4 移动，带动补偿双金属片 5 转动，当主双金属片 2 中热的积累足够多时，主双金属片 2 受热膨胀并弯曲使导板 4 的位移运动足够带动热继电器的触头系统动作，常闭(动断)触点断开，常开(动合)触点闭合，在控制电路中与接触器线圈串联的热继电器的常闭(动断)触点断开，将使接触器的线圈失电，接触器的触点恢复常态，接触器的主触点恢复常态可使电动机断电停转，起到过载保护的作用。

待电动机停电一段时间，定子绕组的温度降低后，过载故障排除，电动机可以继续使用。要使电动机再次起动，一般需要几分钟，待热继电器的双金属片冷却，恢复原状后再按复位按钮，使热继电器的触头系统复位。

4. 热继电器的符号

热继电器的文字符号是 FR，图形符号如图 2-56 所示，有热元件和常闭触点。

5. 热继电器的型号及含义

热继电器的型号及含义如图 2-57 所示。

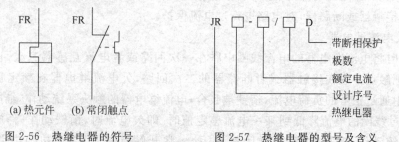

图 2-56　热继电器的符号　　　　图 2-57　热继电器的型号及含义

常用的热继电器有 JR20、JR36、JRS1 系列具有断相保护功能的热继电器，每一系列的热继电器一般只能和相应系列的接触器配套使用，如 JR20 热继电器和 CJ20 接触器配套使用。

6. 热继电器的主要技术参数

热继电器的主要技术参数有：额定电压、额定电流、相数、整定电流等。热继电器的整定电流是指热继电器的热元件允许长期通过又不致引起热继电器动作的最大电流值，超过此值热继电器就会动作。

7. 热继电器的选用

(1) 一般情况下选用两相结构的热继电器。对于电网均衡性差的电动机，宜选用三相结构的热继电器。

(2) 定子绕组做角型连接，应采用有断相保护的三个热元件的热继电器作过载和断相保护。

(3) 热元件的额定电流等级一般应等于 0.95～1.05 倍电动机的额定电流，热元件选定后，再根据电动机的额定电流调整热继电器的整定电流，使整定电流与电动机的额定电流相等。

（4）对于工作时间短、间歇时间长的电动机，以及虽长期工作，但过载可能性小的负载，如风机电动机，可不安装过载保护。

2.4.3 电流继电器

电流继电器检测的信号是电流，电流继电器的线圈串联在被测量的电路中，监测电路中电流的变化根据电路中检测到的电流大小输出控制信号。电流继电器又分为过电流继电器和欠电流继电器两种，可以对电路的过电流或欠电流的电路进行电流保护。

1. 电流继电器的结构

电流继电器的结构为电磁式结构，与接触器相似，由线圈、铁心、衔铁及触头系统组成。

2. 电流继电器的工作原理

1）过电流继电器

将电流继电器的电流线圈串联在一次回路或者电流互感器二次回路，检测电流信号，把触点串联在接触器或者断路器的二次回路，当通过线圈的电流超过正常的负荷电流，达到某一整定值，即过流时，触头系统动作，使常闭（动断）触点断开，常开（动合）触点闭合，用于断开接触器或断路器，对电路进行过电流保护。

2）欠电流继电器

使用时将电流继电器的电流线圈串联在一次回路或者电流互感器二次回路，检测电流信号，把触点串联在接触器或者断路器的二次回路，欠电流继电器在额定状态下工作时，线圈中通过正常的负荷电流，衔铁被吸合，电流继电器的触头系统动作，继电器正常工作；当通过线圈的电流降低到某一电流整定值时，即欠电流时，衔铁动作（释放），继电器的触头系统动作，恢复常态，使常闭触点闭合，常开触点断开，对欠电流电路进行电流保护。

3. 电流继电器的符号

电流继电器的文字符号是 KA，图形符号如图 2-58 所示，有过电流继电器线圈、欠电流继电器线圈、常开触点、常闭触点。

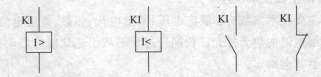

(a) 过电流继电器线圈　(b) 欠电流继电器线圈　(c) 常开触点　(d) 常闭触点

图 2-58　电流继电器的符号

常用的电流继电器的型号有 DL 系列和 JDL 系列。

2.4.4 电压继电器

电压继电器检测的信号是电压，电压继电器的线圈并联在被测量的电路中，监测电路中电压的变化。根据电路中检测到电压的大小输出控制信号。电压继电器又分为过电压继电器和欠电压继电器两种。可以对电路的过电压或欠电压进行保护。

1. 电压继电器的结构

电压继电器的结构为电磁式结构，与接触器相似，由线圈、铁心、衔铁及触头系统组成。

2. 电压继电器的工作原理

电压继电器的工作原理与接触器相似。

1）过电压继电器

过电压继电器在额定状态下工作时，线圈的电压为额定电压，衔铁不吸合，即继电器不动作。当线圈的电压高于额定电压时，且达到某一整定值时，衔铁吸合，继电器的触头系统动作，使常闭（动断）触点断开，常开（动合）触点闭合。

过电压继电器常用于电力线路的过电压保护。直流电路一般不会产生过电压，所以在产品中只有交流过电压继电器。其动作电压、返回电压和返回系数的概念和过电流继电器的相似。过电压继电器的返回系数小于1。

2）欠电压继电器

欠电压继电器在额定状态下工作时，衔铁处于吸合状态，当其吸引线圈的电压降低到某一整定值时，衔铁释放，继电器的触头系统动作，使常闭触点断开，常开触点闭合；当吸引线圈的电压上升后，欠电压继电器返回到衔铁吸合状态。

欠电压继电器常用于电力线路的欠压和失压保护。其动作电压、返回电压和返回系数的概念和欠电流继电器的相似。欠电压继电器的返回系数大于1。

3. 电压继电器的符号

电压继电器的文字符号是KV，图形符号如图2-59所示，有过电压继电器线圈、欠电压继电器线圈、常开触点、常闭触点。

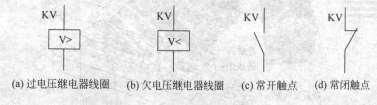

(a) 过电压继电器线圈　(b) 欠电压继电器线圈　(c) 常开触点　(d) 常闭触点

图2-59　电压继电器的符号

2.5　常用的开关电器

开关电器用作电源的接通或分断，作用是隔离电源、保护和控制电气设备。不带负载操作，广泛用于配电系统。常用的开关电器有刀开关和低压断路器。

2.5.1　刀开关

刀开关又称闸刀开关或隔离开关，刀型开关上带有动触头——闸刀，并通过它与底座上的静触头——刀夹座相契合或分离,以接通或分断电路的一种开关。它是手控电器中最简单而使用又较广泛的一种低压电器。刀开关在低压电路中,作为不频繁地手动接通、分断电路,也可作为电源的隔离开关使用,用于不带负载操作。刀开关的外形如图 2-60 所示。

图 2-60　刀开关的外形

1. 刀开关的分类

(1) 按照级数分为单极、双极和三极三种。

(2) 按照投掷方向分为单向投掷的单投开关和双向投掷的双投开关。

(3) 按照是否带灭弧罩分为带灭弧罩的刀开关和不带灭狐罩的刀开关。没有灭弧罩的刀开关可以通断 $0.3I_N$,带灭弧罩的刀开关可以通断 I_N,但都不能用于频繁地接通和断开电路。

2. 刀开关的结构

刀开关主要由手柄、触刀、静插座、接线端子、绝缘底座、灭弧装置和操作机构组成。触刀为动触点,静插座为静触点,进线座和出线刀开关在安装时,手柄向上推为合闸,不得倒装或平装,避免由于重力下落引起误动作而合闸。接线时,应将电源线接在上端,负载线接在下端。图 2-61 所示为 HK 系列刀开关的结构。

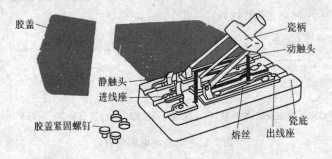

图 2-61　HK 系列刀开关的结构

3. 刀开关的工作原理

使用时,刀开关安装在电源引入端与电气控制系统之间。向上推动手柄,触刀与静插座契合,将电源与控制系统或电气设备连接。当向下拉动手柄,使触刀与静插座分断,即将电源与控制系统或电气设备断开。

4. 刀开关的符号

刀开关的文字符号为 QS,图形符号如图 2-62 所示,有单极开关和三极开关。

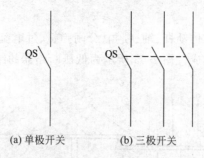

(a) 单极开关   (b) 三极开关

图 2-62 刀开关的符号

5. 刀开关的型号及含义

H 系列刀开关的型号及含义如图 2-63 所示。

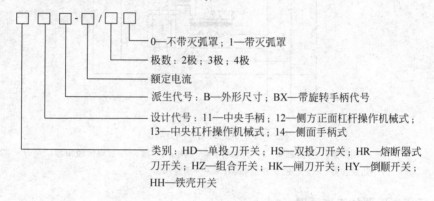

0—不带灭弧罩；1—带灭弧罩

极数：2极；3极；4极

额定电流

派生代号：B—外形尺寸；BX—带旋转手柄代号

设计代号：11—中央手柄；12—侧方正面杠杆操作机械式；
13—中央杠杆操作机械式；14—侧面手柄式

类别：HD—单投刀开关；HS—双投刀开关；HR—熔断器式
刀开关；HZ—组合开关；HK—闸刀开关；HY—倒顺开关；
HH—铁壳开关

图 2-63 H 系列刀开关的型号及含义

HD13 系列中央正面杠杆操作机构式刀开关主要用于正面操作、后面维修的开关柜中，操作机构装在正前方。而 HD13BX 一般指旋转式刀开关。如果用于 PGL 柜型，一般用 HD13 系列，而如果是用于 GGD 型，就要使用 HD13BX 系列了。

6. 刀开关的选择

刀开关在选择时，应使其额定电压等于或大于电路的额定电压；其额定电流大于或等于线路的额定电流，当用刀开关控制电动机时，其额定电流要大于电动机额定电流的3 倍。

2.5.2 低压断路器

低压断路器又称自动空气断路器或自动空气开关，是一种既能实现手动开关作用又能自动进行欠电压、失电压、过载或短路保护的电器。可用于电源电路、照明电路、电动机主电路的分断及保护等。图 2-64 所示为 DZ47-63 系列低压断路器的外形。

低压断路器的类型分为单极、双极、三极和四极 4 种。

图 2-64 DZ47-63 系列低压断路器的外形

1. 低压断路器的结构

低压断路器由主触头、传动杆、轴、锁扣、分闸弹簧、过电流脱扣器、热脱扣器、欠压、失压脱扣器、分励脱扣器等组成。图 2-65 所示为低压断路器的结构图。

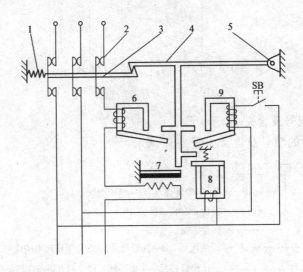

图 2-65　低压断路器的结构

1—分闸弹簧；2—主触头；3—传动杆；4—锁扣；5—轴；6—过电流脱扣器；

7—热脱扣器；8—欠压、失压脱扣器；9—分励脱扣器

2. 低压断路器的工作原理

当主触头 2 闭合时，传动杆 3 被锁扣 4 钩住，电路接通。

（1）如果电路出现过电流现象，则过电流脱扣器 6 的衔铁吸合，顶杆将锁扣 4 顶开，主触头在分闸弹簧 1 的作用下复位，断开主电路，起到保护作用。

（2）如果出现过载现象，热脱扣器 7 将锁扣 4 顶开。

（3）如果出现欠压、失压现象，欠压、失压脱扣器 8 将锁扣 4 顶开。

（4）可由操作人员控制分励脱扣器 9，使低压断路器跳闸。

3. 低压断路器的符号

低压断路器的文字符号为 QF，图形符号如图 2-66 所示，图中分别为一极和三极的图形符号。

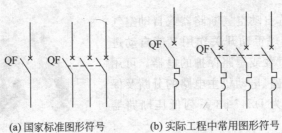

(a) 国家标准图形符号　　　　(b) 实际工程中常用图形符号

图 2-66　低压断路器的图形及文字符号

4. 低压断路器的型号及含义

DZ 系列塑料外壳式断路器的型号及含义如图 2-67 所示。

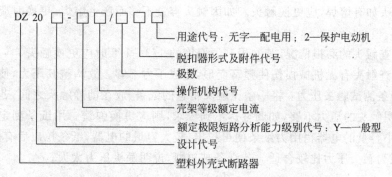

图 2-67 DZ 系列塑料外壳式断路器的型号及含义

5. 低压断路器的选用

选用低压断路器应从下面几个方面考虑。

(1) 断路器的额定电压和额定电流应大于或等于线路、设备的正常工作电压和电流。

(2) 断路器的分断能力应大于或等于电路的最大的三相短路电流。

(3) 欠压脱扣器的额定电压应等于线路的额定电压。

(4) 过流脱扣器的额定电流应大于或等于线路的最大负载电流。

2.5.3 智能化低压断路器

智能化低压断路器采用以微处理器或单片机为核心的智能控制器,具有各种保护功能,还可以实时显示电路中的各种电气量,如电压、电流、功率因数等,对电路进行在线监视、测量、试验、自诊断、通信等功能,能够对各种保护的动作参数进行显示、设定和修改。将电路故障时的参数存储在非易失存储器中,以便分析其工作特性。目前国内生产的智能化低压断路器有塑壳式和框架式两种,主要型号有 DW45、DW40、DW914(AH)、DW19(3WE)。

2.6 常用低压电器的维护

为了使系统安全运行,必须进行日常维护,对于系统运行中出现的故障应及时解决,本节介绍常用低压电器的维护以及常见的故障及排除方法。

2.6.1 触头的故障维修及调整

触头的一般故障有触头过热、磨损、熔焊等。其检修的顺序和方法如下。

(1) 打开外盖,检查触头表面的氧化情况和有无污垢。银触头氧化层的导电率和纯银差不多,银触头氧化时可不作处理。铜触头的氧化层,要用小刀轻轻地刮去其表面的氧化层。如触头有污垢,要用汽油将其清洗干净。

(2) 观察触头表面有无灼伤烧毛,如有烧毛现象,要用小刀或什锦锉整修毛面。整修时不必将触头表面整修得过分光滑,因为过分光滑会使触头接触面减小;不允许用纱布或砂纸来修整触头的毛面。

(3)触头如有熔焊,应更换触头。如因触头容量不够而产生熔焊,更换时应选容量大一些的电器。

(4)检查触头的磨损情况,若磨损到原厚度的 1/3~1/2 时应更换触头。

(5)检查触头有无机械损伤使弹簧变形,造成压力不够。故调整其压力,使触头接触良好。用纸条测试触头压力:将一条比触头稍宽的纸条,放在动静触头之间,若纸条很容易拉出,说明触头的压力不够,如调整达不到要求,则应更换弹簧。用纸条测定压力需凭经验,一般小容量的电器稍用力纸条便可拉出,较大容量的电器,纸条拉出后有撕裂现象,这种现象认为触头压力比较合适。若纸条被拉断,说明触头压力太大。

2.6.2　电磁系统的维护

由于铁心和衔铁的端面接触不良或衔铁歪斜、短路环损坏、电压太低等,都会使衔铁噪声大,甚至造成线圈过热或烧毁。常见的故障及维修方法如下。

1. 线圈故障

线圈主要故障是由于所通过的电流过大以致过热或烧毁。这类故障通常由于线圈绝缘损坏或受机械损伤造成匝间短路或接地。电源电压过低、铁心和衔铁接触不紧密,也都使线圈电流过大,线圈过热以致烧毁。线圈若因短路烧毁,需更换。如果线圈短路的匝数不多,短路点又在接近线圈的端头处,其余部分均完好,可将损坏的几圈拆去,线圈可继续使用。

2. 衔铁吸不上

当线圈接通电源后,衔铁不能被铁心吸合,应立即切断电源,以免线圈被烧毁。若线圈通电后无振动和噪声,要检查线圈引出线连接处有无脱落,用万用表检查是否断线或烧毁;通电后如有振动和噪声,应检查活动部分是否被卡住,铁心和衔铁之间是否有异物,电源电压是否过低。

3. 衔铁噪声大

修理时应拆下线圈,检查铁心和衔铁之间的接触面是否平整,有无油污。若不平整应锉平或磨平;如有油污要清洗。若铁心歪斜或松动,应加以校正或紧固。检查短路环有无断裂,如断裂应按原尺寸用铜块制好换上或将粗铜丝敲成方截面,按原尺寸制好,在接口处气焊修平即可。

2.6.3　接触器运行维护及故障检修

低压电器种类很多,除了触头和电磁系统的故障外,还有本身特有的故障。

1. 接触器的运行维护

1)安装注意事项

(1)在安装接触器之前应将铁心端面的防锈油擦净。

(2)在安装接触器时一般应垂直安装于垂直的平面上,倾斜度不超过 5°。

(3)安装孔的螺钉应装有垫圈,并要拧紧螺钉,防止松脱或振动。

（4）要避免异物落入接触器内。

2）日常维护

（1）定期检查接触器的零部件，要求可动部分灵活，紧固件无松动。

（2）应及时修理或更换已损坏的零件。

（3）应保持触点表面的清洁，不允许沾有油污，当触头表面因电弧烧蚀而附有金属小颗粒时，应及时去掉。

注意：银和银合金触点表面因电弧作用而生成黑色氧化膜时，不必锉去，因为这种氧化膜的导电性很好，锉去反而缩短了触点的使用寿命。

（4）当触头的厚度减小到原厚度的 1/4 时，应更换触头。

（5）接触器不允许在无灭弧罩的情况下使用，因为这样在触点分断时很可能造成相间短路事故。陶土制成的灭弧罩易碎，避免因碰撞而损坏。要及时清除灭弧室内的炭化物。

2. 接触器的故障及检修

1）触头断相

由于某相触头接触不好或连接螺钉松脱，使电动机缺相运行，发出"嗡嗡"声，此时应立即停车检修。

2）触头熔焊

接触器的触头因为长时间通过过载电流而引起两相或三相触头熔焊，此时虽然按"停止"按钮，但触点不能断开，电动机不会停转，并发出"嗡嗡"声。此时应立即切断电动机控制的前一级开关，停车检查修理。

3）灭弧罩碎裂

原来带有灭弧罩的接触器绝不允许不带灭弧罩使用，若发现灭弧罩碎裂应及时更换。

2.6.4 熔断器的故障及排除

1. 熔断器的运行与维修

熔断器在使用中应注意以下几点。

（1）检查熔管有无破损变形现象，有无放电的痕迹，有熔断信号指示器的熔断器，其指示是否保持正常状态。

（2）熔体熔断后，应首先查明原因，排除故障。一般过载保护动作，熔断器的响声不大，熔丝熔断部位较短，熔管内壁没有烧焦的痕迹，也没有大量的熔体蒸发物附在管壁上。变截面熔体在小截面倾斜处熔断，是因为过负荷引起。反之，熔丝爆熔或熔断部位很长，变截面熔体大截面部位被熔化，一般为短路引起。

（3）更换熔体时，必须将电源断开，防止触电。更换熔体的规格应和原来的相同，安装熔丝时，不要把它碰伤，也不要拧得太紧，把熔丝轧伤。

2. 熔断器的常见故障及排除

熔断器的常见故障是电动机起动瞬间，熔体便熔断。

造成这种故障的原因有：熔体电流等级选择太小；电动机侧有短路或接地。

排除方法是更换熔体以及排除短路或接地故障。

2.6.5　热继电器的故障及排除

1. 热元件烧坏

若热元件中的电阻丝烧坏,电动机则不能起动或起动时有"嗡嗡"声,发生这类故障的原因是热继电器的动作频率太高或负载侧发生短路,短路电流过大。

这些故障的处理方法:立即切断电源,检查电路,排除短路故障,更换合适的热继电器。

2. 热继电器误动作

热继电器误动作的主要原因:整定电流偏小,以致未过载就动作;电动机起动时间过长,使热继电器在电动机起动的过程中动作;操作频率过高或点动控制,使热继电器经常受到起动电流的冲击;环境温差太大,使用场合有强烈的冲击和振动,使其动作机构松动而脱扣;连接导线太细,电阻增大等。

这些故障的处理方法:合理地选用热继电器,并合理调整整定电流值;在起动时将热继电器短接,限定操作方法或改用过电流继电器;改善使用环境;按要求使用连接导线。

3. 热继电器不动作

热继电器不动作的主要原因:整定电流值偏大,以致过载很久,热继电器仍不动作;导板脱出或动作机构卡住。

这些故障的处理方法:根据负载合理调整整定电流值,将导板重新放入,并实验动作的灵敏程度,或排除卡住故障。

2.6.6　时间继电器的故障及排除

空气阻尼式时间继电器主要故障是延时不准、延时时间缩短或延时时间变长。气室装配不严、漏气、橡皮膜损坏会使延时时间缩短甚至不延时,此时应重新装配气室,若橡皮膜损坏或老化应与更换。若排气孔阻塞,继电器的延时时间会变得很长。

这些故障的处理方法:拆开气室,清除气道中的灰尘。

2.6.7　刀开关常见的故障及排除

刀开关常见的故障:动静触头烧坏和闸刀短路。

造成的原因:开关容量太小,拉闸或合闸时动作太慢,金属异物落入开关内引起相间短路。

这些故障的处理方法:更换大容量开关,改善操作方法,清除开关内异物。

2.6.8　低压断路器常见的故障及排除

低压断路器常见的故障及排除方法如下。

1. 不能合闸

合闸时,操作手柄不能稳定在接通的位置上。

产生不能合闸的原因:电源电压太低、失压脱扣器线圈开路、热脱扣器的双金属片未冷却复原以及机械原因。

排除的方法：将电源电压调到规定值；更换失压脱扣器线圈；双金属片复位后再合闸；更换锁链及搭钩，排除卡阻。

2. 失压脱扣器不能使低压断路器分闸

当操作失压脱扣器的按钮时，低压断路器不动作，仍保持接通。可能的原因是传动机构卡死，不能动作，或主触头熔焊。

排除的方法：检修传动机构，排除卡死故障，更换主触头。

3. 自动掉闸

当起动电动机时自动掉闸。可能的原因是热脱扣器的整定值太小。

排除的方法：重新整定。

若是工作一段时间后自动掉闸，造成电路停电。可能的原因是过载脱扣装置长延时整定值调得太短，或者是热元件损坏。

排除的方法：重新调整或更换热元件。

2.7 低压电器的颜色标志

2.7.1 导线的颜色标志及含义

导线的颜色标志及含义如表 2-1 所示。

表 2-1 导线的颜色标志及含义

颜　　色	含　　义
黄色	三相交流电路的 U 相或 L_1 相，三极管的基极
绿色	三相交流电路的 V 相或 L_2 相
红色	三相交流电路的 W 相或 L_3 相，三极管的集电极
淡蓝色	三相交流电路零线或中性线，直流电路接地线
黄绿色	安全接地线
棕色	直流电路的正极
蓝色	直流电路的负极，三极管的发射极
黑色	装置和设备内部的布线

2.7.2 按钮的颜色标志及含义

按钮的颜色标志及含义如表 2-2 所示。

表 2-2 按钮的颜色标志及含义

颜　　色	含　　义	应　　用
红色	停止、断开、发生危险情况时操作用	设备停止按钮、急停按钮
绿色	起动	起动按钮
黄色	应急	非正常情况时终止按钮
蓝色	以上几种颜色未包括的任一种功能	
黑色、灰色、白色	其他任一种功能	

2.7.3 指示灯的颜色标志及含义

指示灯的颜色标志及含义如表 2-3 所示。

表 2-3　指示灯的颜色标志及含义

颜色	含　义	应　用
绿色	正常情况	设备正常运行状态
红色	异常情况或报警	超温、短路故障等危险情况时需要及时处理
黄色	警示或警告	过载、温度值偏离正常值或接近极限值等情况

思考与练习题

1. 刀开关的主要用途是什么？

2. 按钮、行程开关、接近开关、转换开关和指示灯的主要功能是什么？它们的文字符号和图形符号是什么？

3. 低压断路器有哪些保护功能？

4. 简述交流接触器的工作原理？

5. 绘出接触器的图形符号和文字符号。

6. 中间继电器和接触器有何异同？在什么条件下可以用中间继电器代替接触器起动电动机？

7. 试说明熔断器和热继电器的保护功能和原理，以及这两种保护的区别。

8. 试比较过流继电器与欠流继电器两者的动作情况，分析二者的差别。

9. 试绘出时间继电器的图形符号和文字符号。

10. 试说明低压断路器常见的故障：不能合闸的原因及排除故障的方法。

11. 如果交流接触器线圈断电后，动铁心不能立即释放，使电动机不能及时停止，试说明原因及应如何处理。

12. 试说明指示灯的颜色及含义。

13. 试说明按钮的颜色及含义。

14. 试说明导线的颜色及含义。

电气图的绘制

电气控制系统是由许多电气元件按一定要求连接而成的。为了表达生产机械电气控制系统的结构、工作原理,同时也为了便于电气元件的安装、接线、运行、维护,需要将电气控制系统中各电气元件的连接用一定的图形表示出来。人们希望通过阅读技术文件就能够正确地掌握操作技术和维修方法。因此,需要用统一的工程语言,即用图的形式将电气控制线路的组成、工作原理及安装、调试、维修等技术要求表达出来,这种采用统一规定的图形符号、文字符号及标准画法进行绘制的图称为电气图,又称电气控制系统图。电气控制系统图是用符号或带注释的框,概略表示系统的组成、各组成部分相互关系及其主要特征的图样,它比较集中地反映了所描述工程对象的规模,包括电气原理图、电气布置图和电气接线图。

3.1 电气图中的图形符号、文字符号

为了便于交流,在电气控制系统图中,用不同的图形符号表示各种电气设备、装置和元器件,用不同的文字符号进一步说明图形符号所代表的电气元件的基本名称、功能、状态、主要特征及编号等。电气控制系统图应根据简单易懂的原则,采用统一的国家标准规定的图形符号、文字符号和标准画法进行绘制。国家标准局颁布了《电气图常用图形符号》(GB/T 4728—2005)系列标准、《电气技术中的文字符号制订通则》(GB 7159—1987)系列标准、《电气技术用文件的编制》(GB/T 6988—1997)系列标准和《电气设备接线端子和特定导线端的识别及应用字母数字系统的通则》(GB 4026—1992)、《电气制图》(GB/T 6998—2008)系列标准。绘制电气控制电路中的图形符号和文字符号必须符合最新的国家标准。一些常用的电气图形符号和文字符号见附录 A。

1. 图形符号

图形符号是用于电气图或其他文件中表示项目或概念的一种图形、记号或符号,是电气技术领域中一种最基本的工程语言。正确、熟练地掌握绘制和识别各种电气图形符号是识读电气图的基本功。

2. 文字符号

文字符号是表示和说明电气设备、装置和元器件名称、功能、状态和特征的字符代码,

用字母或字母组合构成,是重要的字符代码,分为基本文字符号、辅助文字符号及脚标。一些电气设备常用的基本文字符号见附录 B。

1）基本文字符号

基本文字符号采用单字母符号和双字母符号,单字母符号是按拉丁字母将电气设备、装置和元器件分为 23 大类(除去 J、I、O 容易混淆的三个字母),每一类用一个专用字母表示。

双字母符号是由一个表示种类的单字母符号和另一个字母组成。只有当单字母符号不能满足要求,需要将大类进一步划分时,才采用双字母符号,以便较详细地表述电气设备、装置和元器件。例如 Q 为开关电气的单字母符号,用 QS 表示隔离开关,而用 QF 表示断路器。基本字母符号不应超过两个字母。一些常用的电气图形符号和文字符号见附录 A。

2）辅助文字符号

为了表示电气设备、装置和元器件意见线路的功能、状态和特征,常在基本文字符号后面加上辅助文字符号,组成多字母符号,例如 GN 表示绿色,HL 表示指示灯,二者结合在一起 GNHL 就表示绿色指示灯,有时习惯用 GN 表示绿色,标注在图形符号处。

3）角标

如果在一个项目或控制系统中包含两个以上相同种类的电气设备、装置和元器件,应在文字符号后面加上角标以示区别。例如一个系统中包含两个按钮时,则应在文字符号 SB 后加上脚标,表示为 SB_1、SB_2。

3.2　接线端子标记

电气控制系统图中各电气接线端子用字母和数字符号标记,要符合国家标准 GB 4026—1983《电器接线端子的识别和用字母数字符号标记接线端子的通则》规定。

三相交流电源引入线用 L_1、L_2、L_3、N、PE 标记。直流系统的电源正、负、中间线分别用 $L+$、$L-$、M 标记。三相动力电器引出线分别按 U、V、W 顺序标记。

三相感应电动机的绕组首端分别用 U_1、V_1、W_1 标记,绕组尾端分别用 U_2、V_2、W_2 标记,电动机绕组中间抽头分别用 U_3、V_3、W_3 标记。

对于数台电动机,其三相绕组接线端标记以 1U、1V、1W；2U、2V、2W；…以示区别。三相供电系统的导线与三相负荷之间有中间单元时,其相互连接线用字母 U、V、W 后面加数字表示,且用从上至下由小到大的数字表示。

控制电路各线号采用三位或三位以下的数字标记,其顺序一般为从左到右,从上到下,凡是被线圈、触点、电阻、电容等元件所间隔的接线端点,都应标以不同的线号。

3.3　电气原理图

电气原理图是用国家统一规定的图形符号和文字符号表示各个电气元件的连接关系和电气控制线路工作原理的图。图中包括了所有电气元件的导电部件和接线端子,但并不是按照各电气元件的实际位置和实际接线情况绘制的。根据简单、清晰的原则,电气原理图是采用电气元件展开的形式绘制而成的图样,便于阅读和分析电路的工作原理。电气原理图习惯上也称为电路图。

3.3.1 电气原理图的组成

电气原理图一般分主电路和辅助电路两部分。

（1）主电路是设备的驱动电路，即从电源到电动机通过大电流的路径，一般由刀开关或组合开关、熔断器、接触器的主触点、热继电器的热元件和电动机等组成。

（2）辅助电路包括控制电路、照明电路、信号电路及保护电路等。辅助电路中通过的电流比较小，一般不超过 5A。辅助电路通常由熔断器、主令电器、接触器的线圈及辅助触点、继电器的线圈和触点、热继电器的常闭触点、保护电器的触点和信号灯等组成。

由于在辅助电路中控制电路是最常用的，所以通常所说的电气原理图指包括主电路和控制电路。

3.3.2 电气原理图的图幅分区

在绘制电气工程制图时，图纸上需要限定绘图区域，用粗实线画出限定绘图区域，这个线框称为图框线。图框的格式分为留装订边和不留装订边两种，但同一产品图样只能采用一种格式。

绘制电气原理图时采用图幅分区的方式，便于迅速准确地查找图中某个电气元件及其各部分的位置。

图幅分区的方法：在图纸的四边画出图框线，边框和图框线之间的距离根据图纸的大小不同而不同，参阅《电气制图规则应用指南》，一般不留装订边的 A0、A1、A2 号图纸为 10mm，A3、A4 号图纸为 5mm。在图框线内将图纸的各边等分，等分的数目取决于图的复杂程度，每边必须为偶数，任何一边的长度的取值应为 25～75mm。横方向的边用阿拉伯数字编号，竖方向的边用大写的英文字母编号。编号的顺序从左上角开始，将图分成若干图区，图幅分区示例如图 3-1 所示。图中的分区为(25～75mm)×(25～75mm)的长方形，分区的代号由竖方向边的英文字母和横方向的数字组成，且英文字母在左、数字在右，例如 A1、B5 等。

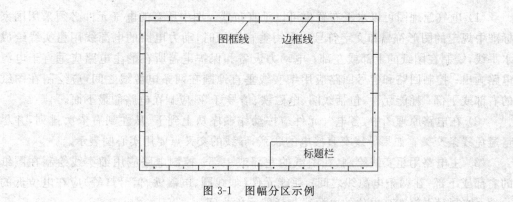

图 3-1 图幅分区示例

在电气原理图上方的图框线内的编号区域下面标出该区域中电路或电气元件的功能，便于读者检索电气线路，方便阅读和分析电路的原理，在电气元件的列表中标出该元件所在分区的分区代号,可以方便读者迅速查找到该元件的位置。

3.3.3 电气原理图的绘制

电气原理图的布局安排应便于阅读分析,结构应简单,层次分明,触点和元件布置应合理,如图 3-2 所示的普通车床电气原理图。绘制电气原理图的基本原则如下。

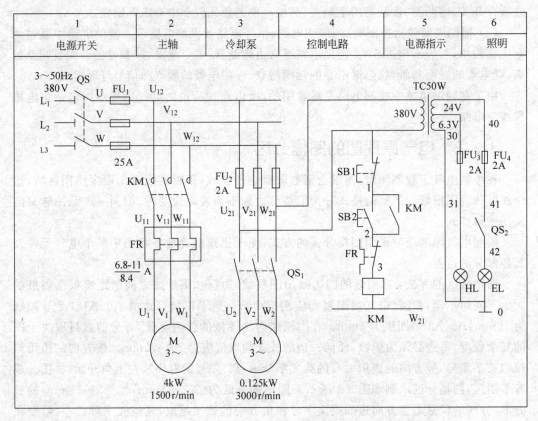

1	2	3	4	5	6
电源开关	主轴	冷却泵	控制电路	电源指示	照明

图 3-2　普通车床电气原理图

(1) 电气原理图可以水平布置也可以垂直布置。图中所有的电气元件必须采用国家标准中规定的图形符号和文字符号。采用垂直布局时,动力电路的电源线用粗实线绘成水平线,绘制在图纸的上部或左部;电动力设备和保护电器所在的主电路应垂直于电源电路画出;控制回路和信号回路应用细实线垂直地画在两条电源线之间,应绘制在图纸的右部或下部;耗能元件,包括线圈、电磁铁、信号灯等,应画在电路的最下面。

(2) 在电路原理图中,各电气元件应按动作顺序从上到下、从左到右依次排列,并尽量避免线条交叉。如果导线有直接电的联系,导线的交叉点要用实心圆表示。

(3) 主电路用粗实线绘制,在图纸的左部或上部;控制电路应用细实线绘制在图纸的右部或下部,在两条电源线之间;耗能元件(如线圈、电磁铁、信号灯等)应在电位低的一端;控制触点应在高电位的电源线与耗能元件之间。

(4) 所有电气设备的触点的状态均应按常态绘制。所谓常态是指电气元件没有通电或者没有外力作用时的状态,此时常闭触点闭合,常开触点断开。

（5）对于一个电气元件可以采用展开图的画法，即同一元件的各个部分可以不画在一起。如将一个接触器的线圈和触点分开来画，分别画在主电路和控制电路中的不同位置，但同一电气元件的各个部分必须标以相同的文字符号。当使用多个相同类型的电器时，要在文字符号后面标注不同的数字序号加以区别，如 KM_1、KM_2 等。

（6）交流电压线圈不能串联。在电气原理图的下方附表中要列出接触器或继电器的线圈与触点的从属关系。在接触器和继电器的线圈的下方给出相应的文字符号，文字符号的下方要标注其触点的位置的索引代号，对未使用的触点用"×"表示。并标注该电气元件的图幅分区的代号。

3.4 电气元件布置图

电气元件布置图是用来表示电气元件在控制盘或控制柜中实际的安装位置。它是电气控制设备在安装、维护时必不可少的技术资料。

绘制布置图应遵循以下基本原则。

（1）电气元件用粗实线绘制出简单的外形轮廓，并标上文字符号，电气控制柜的轮廓线用细实线或点画线绘制。

（2）要绘出接线端子和接插件，并按顺序标出进/出线的接线号。

（3）电气元件的布置要便于操作和日常维护。

（4）布线要整齐、外形结构要美观。

（5）发热元件安装在上部，要考虑发热元件的散热问题。

（6）体积大、重量重的电气元件应在电气布置图的下部。

（7）注意弱电的屏蔽问题和强电的干扰问题。

图 3-3 所示为普通车床的电气元件布置图。

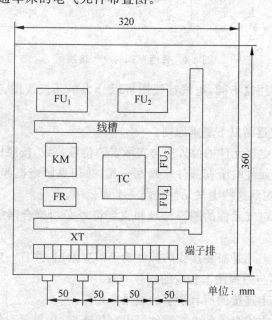

图 3-3 普通车床的电气元件布置图

3.5 电气接线图

电气接线图是用来表明电气控制线路中所有电器的相对位置、符号、端子号、导线的类型和截面面积等,标出各电器之间的接线关系和接线去向。电气接线图主要用于电气设备安装和线路维护。通常与电气原理图、电气元件布置图一起使用。图中的所有电气元件和配套设备等均采用简化图表示,但在其旁边需标注符号及技术数据。图 3-4 所示为普通车床的电气接线图。

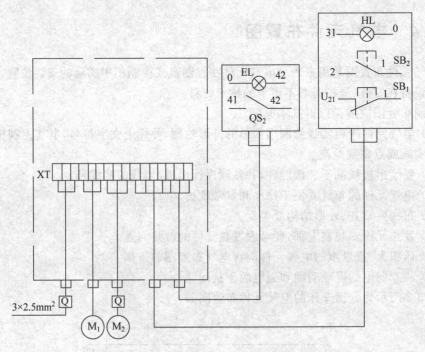

图 3-4 普通车床的电气接线图

根据表达对象和用途不同,电气接线图可以分为单元接线图、互连接线图和端子接线图。

绘制接线图时应遵循以下基本原则。

(1)接线图中各电气元件的位置应与实际安装位置一致,按照比例进行绘制。

(2)同一个电气元件的所有部件应画在一起,并用点画线框起来。当有多个电气元件画在一个框里时,表示这些电气元件在同一个面板中。

(3)接线图中各电气元件的图形符号和文字符号必须符合国家标准,必须与电气原理图一致。

(4)各电气元件上凡是需要接线的部件端子都应绘出,并且一定要标注端子编号,各接线端子的编号必须与原理图上相应的线号一致。

(5)同一根导线上连接的所有端子的编号应相同。

(6)同一控制柜内或盘上的电气元件可以直接连接,如果要与外部元件连接时,必须经过接线端子板,且互连线应注明规格。

（7）走向相同的相邻导线可以绘成一股线。在接线图中一般不表示导线的实际走线,施工时可由操作者根据实际情况选择最佳走线方式。

3.6　电气元件明细表

电气元件明细表是把成套装置、设备中各组成元件（包括电动机）的名称、型号、规格和数量等列成表格,供准备材料及维修使用。

3.7　电气图的识图

电气图的识图指对电气原理图、电气元件布置图和电气接线图的读识,以便于理解电气控制装置或系统的工作原理及电气元件的布置和电气的接线关系。

电气元件布置图和电气接线图的读识：工程技术人员在掌握了电气图形符号和文字符号含义的基础上,按照图中的标注仔细进行读识就可以理解电气元件布置的位置及电气接线的连接关系了。

电气原理图为了方便阅读和分析控制原理,绘制时采用"展开法",即分为主电路和辅助电路两部分,主电路是电源向负载（通常为电动机）输送电能的电路,即电动机所在电路。辅助电路是对主电路进行控制、保护、监视和测量的电路,如图 3-2 所示为普通车床电气原理图。图中电气元件并不是按照实际的位置画在一起,而是根据电气元件在电路中所起的作用,画在不同的地方,但同一电气元件用相同的文字符号标识,图中所有电器的触头均按未通电时的常态画出。

在读识电气原理图时,应分清主电路和辅助电路,按照先看主电路再看辅助电路的顺序读图。通过读辅助电路的工作原理来研究主电路的控制程序。

1. 主电路的识图

主电路的识图从电源开始,经控制电器到负载,如电动机等。例如三相电源 L_1、L_2、L_3→刀开关 QS→熔断器 FU_1→接触器 KM 的主触点→热继电器 FR→电动机 M。

2. 辅助电路的识图

辅助电路的识图应从下面几个方面着手。

（1）看辅助电路的电源种类,是交流还是直流。

（2）看电压等级,辅助电路从电源的两条相线上接线,为 380V；如果一端接电源的相线上,另一端接在零线上,则为 220V。

（3）辅助电路的识图应从上到下,从左到右。即从电源的一端开始→熔断器 FU_2→按钮、接触器线圈等电气元件到电源的另一端。

（4）读辅助电路的工作原理,从主令电器开始,按下起动按钮,看各个电气元件的动作对主电路的控制。

电气原理图的识图应从电气控制基本电路开始练习,由浅入深,循序渐进地学习、掌握电气图的读图方法,提高读图能力。

思考与练习题

1. 电气图包括哪几个,它们的作用是什么?
2. 绘制电气原理图时采用图幅分区的方式有什么好处?
3. 电气原理图中图幅分区的方法是什么?
4. 绘制电气原理图应遵循哪些基本原则?
5. 绘制电气布置图应遵循哪些基本原则?
6. 绘制电气接线图应遵循哪些基本原则?
7. 自己找几个电气图,练习识图,掌握读图方法。

继电器-接触器控制

为了实现某些控制要求以及人身和设备安全,人们采用自动或手动电器对电气设备进行控制,以继电器-接触器为核心的电气控制系统称为继电器-接触器控制系统。在电气控制系统中,三相异步电动机是最常见的被控制对象之一,三相异步电动机具有结构简单、价格便宜、坚固耐用、运行维护方便等优点,功率从数百瓦到数十千瓦,因此得到广泛应用。在实际生产中,三相异步电动机的数量占电力拖动设备总台数的 80% 以上。本章以三相异步电动机为被控对象介绍继电器-接触器电气控制系统。

4.1 基本控制电路

三相异步电动机的继电器-接触器电气控制系统的电路由主电路和辅助电路组成。辅助电路包括控制电路、信号电路和照明电路。由于在辅助电路中,控制电路是主要的电路,有的电气控制系统没有信号电路和照明电路,因此通常人们也说三相异步电动机的继电器-接触器电气控制系统的电路由主电路和控制电路组成。

4.1.1 点动控制

1. 电路组成

电动机的点动控制电路是最简单的控制电路,图 4-1 所示为三相异步电动机点动控制电路。图中主电路刀开关 QS 起隔离作用,熔断器 FU_1 为短路保护,接触器 KM 的主触点(常开)控制电动机起动、运行和停车。控制电路中 FU_2 为短路保护,SB 为点动控制按钮(常开)。由于电动机只有点动控制,运行时间比较短,因此主电路不需要接热继电器作过载保护。

2. 工作原理

使用时,先合上刀开关 QS,将电源引入主电路和控制电路。

当起动电动机时,按下点动控制按钮 SB,接触器 KM 的线圈得电,触点动作,主触点 KM 闭合,电动机 M 运行;松开点动控制按钮 SB,接触器 KM 的线圈失电,触点恢复常态,主触点 KM 断开,电动机 M 停止运行。可见,按下按钮电动机就转,松开按钮电动机就停,这种控制方式称为点动控制。手动控制电动机间断工作。

4.1.2　连续控制

1. 电路组成

图 4-2 所示为三相异步电动机单向连续运行控制电路。主电路刀开关 QS 起隔离作用,熔断器 FU_1 为短路保护,接触器 KM 的主触点(常开)控制电动机起动、运行和停车,热继电器 FR 为过载保护。控制电路中 FU_2 为短路保护,SB_1 为停车按钮(常闭),SB_2 为起动按钮(常开),FR 为热继电器的常闭触点,接触器 KM 的常开辅助触点 KM 为自锁触点,使电动机 M 单向连续运行。

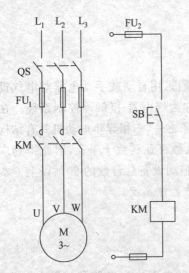

图 4-1　三相异步电动机点动控制电路

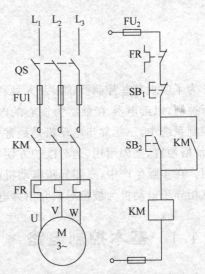

图 4-2　三相异步电动机单向连续运行控制电路

2. 工作原理

先合上刀开关 QS,将电源引入主电路和控制电路。

当起动电动机时,按下起动按钮 SB_2,接触器 KM 的线圈得电,其触头系统动作,接触器 KM 的主触点 KM 闭合,接通主电路,电动机通电;接触器 KM 的辅助常开触点 KM 闭合自锁,电动机 M 连续运行;当松开起动按钮 SB_2,由于与起动按钮 SB_2 并联的接触器 KM 的辅助常开触点 KM 闭合,使接触器 KM 的线圈保持连续得电,确保电动机 M 连续运行。这种借助接触器本身的触点保持自己的线圈连续得电的现象称为自锁,起自锁作用的触点称为自锁触点,这部分电路为自锁电路。

若要使电动机停止运行,则要按下停车按钮 SB_1,接触器 KM 的线圈失电,触点恢复常态,接触器 KM 的主触点 KM 断开,主电路断开,辅助常开触点 KM 也断开,使接触器 KM 的线圈不能自锁,电动机停止运行。

手动控制电动机起动后,利用接触器辅助触点实现自锁,使电动机连续运行,这种控制方式称为连续控制。

3. 保护环节

一个好的控制电路既要能够完成控制系统的控制要求,还要保证系统安全可靠。电气控制系统常见的故障有短路故障、电动机过载引起的定子绕组过热而引起的过载故障、电网电压过低或没有电压引起的欠压或失压故障。对于这些可预见的故障现象,设计人员应在设计控制系统时就采取保护措施,防止故障的发生,或一旦发生故障,系统中相应的保护环节应立即反应,断开电路,使电动机停止运行,保证设备和操作人员的安全,待故障排出后,控制系统再投入运行。因此控制系统中要包含保护环节,如短路保护、过载保护、欠压和失压保护等电路。

1) 短路保护

利用熔断器 FU_1 和 FU_2 对主电路和控制电路进行短路保护。当主电路或控制电路发生短路故障时,熔断器可以断开主电路和控制电路,使电动机停车,实现对电路的短路保护。

2) 过载保护

利用热继电器 FR 对电动机进行过载保护。当主电路中的电动机长期过载运行,电动机的定子绕组因为长期过载而发热,利用热继电器的检测部件对电动机的定子绕组进行检测,当热继电器检测部分的热元件 FR 中热量积累到动作值时,热继电器 FR 的触点动作,热继电器的常闭触点 FR 断开,使接触器 KM 的线圈失电,接触器的触点恢复常态,主触点 KM 和辅助常开触点 KM 均断开,使电动机停车。实现了对电动机的过载保护。

3) 欠压和失压保护

利用接触器 KM 进行欠压和失压保护。当电源电压过低或短时间断电时,接触器的线圈由于欠压和失压,导致接触器的铁心不能产生足够的电磁吸力吸引衔铁,使接触器 KM 的主触点和辅助常开触点(自锁触点)不能闭合,造成电路断开,电动机停止运行。即使电路的电压恢复正常时,电动机也无法自行起动,只有再次按下起动按钮后才能重新起动,从而实现了对电路的欠压及失压保护。

控制电路具有欠压和失压保护功能以后,有以下三方面好处:

(1) 防止电压严重下降时,电动机低压运行。

(2) 避免电动机同时起动造成电压严重下降。

(3) 防止电源电压恢复正常时,电动机突然起动造成设备和人身事故。

4.1.3 点动与连续控制

在电气控制系统中,有的控制功能要求既要能点动控制又能连续控制。如图 4-3 所示的控制电路,给出了几种既能点动控制又能连续控制的控制电路。

(1) 如图 4-3(a)所示,图中 SB_2 为连续控制的起动按钮,SB_3 为点动控制的按钮,采用复合按钮。

连续控制:当按下起动按钮 SB_2,接触器 KM 的线圈得电,触点动作,主触点 KM 闭合,接通主电路,电动机 M 起动,辅助常开触点 KM 闭合自锁,电动机 M 连续运行;按下停车按钮 SB_1,接触器 KM 的线圈失电,触点恢复常态,主触点 KM 断开,主电路断开,辅助常开触点 KM 断开,电动机 M 停止运行。

点动控制:当按下按钮 SB_3 时,它的常闭(动断)触点先断开,切断了自锁回路,然后常开(动合)触点才闭合,使接触器 KM 线圈得电,接触器的触点动作,主触点 KM 闭合,

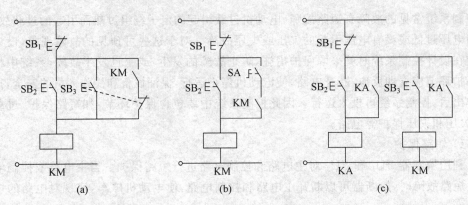

图 4-3   点动与连续控制电路

接通主电路,电动机 M 运行;当松开按钮 SB_3 时,它的常开触点先断开,使接触器 KM 线圈失电,触点恢复常态,主触点 KM 断开,主电路断开,电动机 M 停止运行;按钮 SB_3 的常闭触点后闭合,不会自锁。用按钮 SB_3 实现了点动控制。

(2)如图 4-3(b)所示,图中 SB_2 为起动控制按钮,转换开关 SA 为点动控制和连续控制的选择开关。

连续控制:当转换开关 SA 接通时,自锁电路有效,电路为连续控制电路。

点动控制:当转换开关 SA 断开时,自锁电路断开,电路为点动控制电路。

(3)如图 4-3(c)所示,图中 SB_2 为连续控制的起动按钮,SB_3 为点动控制的按钮,中间继电器 KA 的两个常开触点分别与起动按钮 SB_2 和 SB_3 并联。

连续控制:当按下起动按钮 SB_2 时,中间继电器 KA 的线圈得电,触点动作,中间继电器 KA 的两个常开触点 KA 均闭合,与起动按钮 SB_2 并联的 KA 的触点闭合自锁,中间继电器 KA 的线圈连续得电;与起动按钮 SB_3 并联的中间继电器 KA 的常开触点 KA 闭合,使接触器 KM 的线圈得电,触点动作,接触器 KM 的主触点 KM 闭合,主电路接通,电动机连续运行。按下停车按钮 SB_1,中间继电器 KA 的线圈和接触器 KM 的线圈均失电,触点恢复常态,接触器 KM 的主触点 KM 断开,主电路断开,电动机 M 停止运行,中间继电器 KA 的常开触点断开,不能自锁。

点动控制:当按下按钮 SB_3 时,接触器 KM 的线圈得电,触点动作,接触器 KM 的主触点 KM 闭合,电动机 M 运行;松开按钮 SB_3,接触器 KM 的线圈失电,触点恢复常态,主触点 KM 断开,电动机 M 停止运行。按下按钮 SB_3 电动机就转,松开按钮 SB_3 电动机 M 就停,这时电路为点动控制。

4.1.4 多地控制电路

在实际生产中,一台大型设备为了操作方便,常常要求能够在多个地点进行起停控制。图 4-4 所示为可在两地控制一台三相异步电动机单向连续运转的控制电路。

在图 4-4 中,起动按钮 SB_2 和 SB_4 是并联的,停止按钮 SB_1 和 SB_3 是串联的。即当按下任一个起动按钮,都会使接触器 KM 的线圈得电,触点动作,主触点 KM 闭合,接通主电路,辅助常开触点 KM 闭合自锁,使电动机 M 连续运行;若按下任一个停止按钮,都能

使接触器 KM 的线圈失电,触点恢复常态,主触点 KM 断开,主电路断电,电动机 M 停止运行。由此可以得出如下结论:

(1) 欲使几个电器都能控制某个接触器得电,则应将这几个电器的常开触点(动合)并联后串接在某接触器的线圈电路中。

(2) 欲使几个电器都能控制某个接触器失电,则应将这几个电器的常闭触点(动断)串联接到某接触器的线圈电路中。

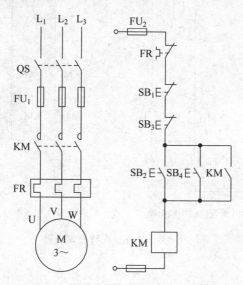

图 4-4 三相异步电动机两地控制电路

4.1.5 正/反转控制电路

在实际生产中,许多生产机械要求电动机既能正转运行,又能反转运行,从而实现可逆控制,如机床主轴的正向和反向转动,工作台的左、右运动,起重机的前进和后退、左行和右行,吊钩的上升和下降等,都需要控制电动机正/反转。由电动机的原理可知,三相异步电动机的三相定子绕组中任意两相对调,即改变定子绕组接入电源的相序,电动机就可以反转。实际运用中,用两个接触器来实现任意两相定子绕组的对调,从而实现对电动机正/反转的控制。图 4-5 所示为三相异步电动机正/反转控制的主电路和控制电路。

1. 电路组成

在如图 4-5(a)所示的主电路中,采用两个接触器 KM_1 和 KM_2,其中,接触器 KM_1 控制电动机正转,接触器 KM_2 控制电动机反转。当接触器 KM_1 的主触点闭合时,三相电源从 L_1、L_2、L_3 接入,电动机定子绕组接入的相序为 A→B→C,电动机正转运行;而当接触器 KM_2 的主触点闭合时,使定子绕组的 A 与 C 对调,定子绕组接入的相序为 C→B→A,使电动机的转向反向,实现反转运行。热继电器 FR 为过载保护。

控制电路是由两条单向连续运转控制电路组成。每条电路分别控制一个接触器,SB_1 为停车按钮,SB_2 为正转起动按钮,SB_3 为反转起动按钮,如图 4-5(b)、(c)、(d)所示。

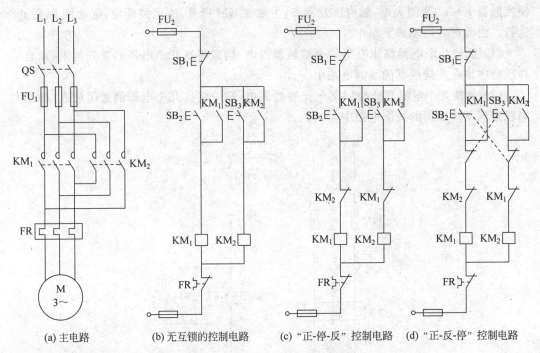

图 4-5　电动机正/反转控制电路

2. 工作原理

先合上刀开关 QS,将电源引入主电路和控制电路。

1) 无互锁的正/反转控制电路

如图 4-5(b)所示,当起动电动机时,按下正转起动按钮 SB_2,接触器 KM_1 线圈得电,接触器 KM_1 的主触点闭合,主电路接通,电动机接入电源的相序为 A→B→C,电动机正转;按下停车按钮 SB_1,接触器线圈失电,主电路断开,电动机停转;按下反转起动按钮 SB_3,接触器 KM_2 线圈得电,接触器 KM_2 的主触点闭合,主电路接通,电动机接入电源的相序为 C→B→A,电动机反转。

由图 4-5(a)可见,当同时按下起动按钮 SB_2 和 SB_3 时,接触器 KM_1 和接触器 KM_2 的线圈同时得电,使接触器 KM_1 和接触器 KM_2 的主触点同时闭合,导致电源短路故障的发生。

为了使控制系统安全可靠地工作,不允许两个接触器同时有电。要实现这种控制要求,在接触器 KM_1 和 KM_2 之间要有一种约束关系,通常采用图 4-5(c)所示的控制电路。将一个接触器 KM_1/KM_2 的辅助常闭(动断)触点串联在另一个接触器 KM_2/KM_1 的线圈电路中,这样就使两个接触器 KM_1 和 KM_2 的线圈不能同时得电。这种用一个接触器的辅助常闭(动断)触点去封锁另一个接触器的线圈电路的方法通常称为互锁,而把这两个起互锁作用的辅助常闭触点称为互锁触点,这部分电路称为互锁电路。这种由接触器或继电器的辅助常闭(动断)触点实现的互锁称为电气互锁。

2)"正-停-反"或"反-停-正"正/反转控制电路

如图 4-5(c)所示,当起动电动机时,按下正转起动按钮 SB_2,接触器 KM_1 的线圈得电,其主触点闭合,主电路接通,电动机正转运行;接触器 KM_1 的辅助常闭触点 KM_1 断开,封锁接触器 KM_2 的线圈。如果要使电动机转变成反转运行,必须先按停止按钮 SB_1,使接触器 KM_1 线圈失电,其主触点恢复常态,电动机停止正转运行,接触器 KM_1 的辅助常闭触点恢复常态,为接触器 KM_2 线圈得电做准备。在正转情况下按反转起动按钮 SB_3,接触器 KM_2 的线圈得电,接触器 KM_2 的主触点闭合,主电路接通,电动机才能反转运行。反之,当电动机处于反转运行状态时,如果要使电动机转变成正转运行状态,也要先停车,才能起动正转。这个电路控制的特点是"正-停-反"或"反-停-正"。显然,这种控制电路防止了电源短路的问题,但是操作不方便。

3)"正-反"或"反-正"正/反转控制电路

图 4-5(d)所示,在控制电路中,正、反转的起动按钮 SB_2 和 SB_3 采用复合按钮,将正转起动按钮 SB_2 的常闭(动断)触点串联在反转接触器 KM_2 的线圈电路中,同样将反转起动按钮 SB_3 的常闭(动断)触点串联在正转接触器 KM_1 的线圈电路中。

当电动机处于正转运行状态时,直接按下反转起动按钮 SB_3,复合按钮 SB_3 的常闭(动断)触点先断开,使正转接触器 KM_1 的线圈失电,其触点恢复常态,主触点 KM_1 断开,主电路断开,辅助常开触点 KM_1 也断开,电动机可靠停止正转运行;辅助常闭触点 KM_1 闭合,为电动机反转运行做准备;接着起动按钮 SB_3 的复合触点的常开触点闭合,使反转接触器 KM_2 的线圈得电,触点动作,主触点 KM_2 闭合,主电路接通,电动机 M 反转起动,辅助常开触点 KM_2 闭合自锁;辅助常闭触点 KM_2 断开,封锁接触器 KM_1 的线圈,实现互锁。反之亦然。

当电动机需要停止运行时,按下停车按钮 SB_1,电路断开,不论电动机正在正转运行还是反转运行,都使接触器的线圈失电,其触点恢复常态,主电路断开,电动机停止运行。这个电路控制的特点是"正-反"。显然,这个控制电路既防止出现电源短路的故障,同时可以方便地操作电动机正/反转。它是电动机正/反转控制常用的控制电路。

可见,正/反转的起动按钮 SB_2 和 SB_3 采用了复合按钮,就实现了电动机正/反转运行的直接变换,这里利用复合按钮 SB_2 和 SB_3 的常闭触点实现的互锁称为"按钮互锁"。在图 4-5(d)电路中,这种既有"电气互锁"又有"按钮互锁"的双重互锁的正/反转控制电路,在电气控制系统中应用非常广泛,是一个典型实用的控制电路。

3. 保护环节

为了保证控制系统安全可靠,有短路保护、过载保护、欠压和失压保护等保护环节,还有电气互锁,防止电源短路。

4.1.6 自动往复控制

在实际生产中,有些生产机械的运动部件往往需要自动往复运动,例如钻床的刀架、万能铣床的工作台、龙门刨床的工作台等。为了实现对这些生产机械自动控制的要求,就要对运动部件的行程进行控制,最常用于行程控制的电气元件是行程开关。

利用行程开关可以实现自动往复运动的控制,如图 4-6 所示为自动往复运动的示意图。将行程开关 SQ_1 安装在工作台左端需要进行反向的固定位置上,SQ_2 安装在工作台右端需要进行反向的固定位置上,机械挡块安装在工作台等运动部件上,工作台的运动部件由电动机拖动运行。

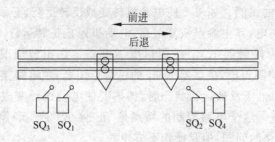

图 4-6　自动往复运动示意图

1. 电路组成

如图 4-7 所示,主电路与正/反转控制系统中的主电路相同,接触器 KM_1、KM_2 分别为电动机正/反转运行控制的接触器。当电动机正转运行时,运动部件前进;当电动机反转运行时,运动部件后退。

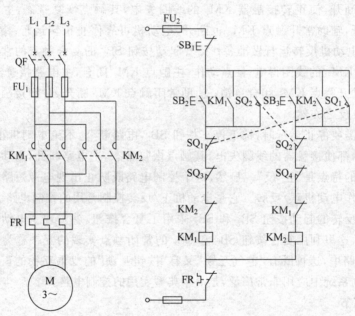

图 4-7　自动往复控制电路

在控制电路中,行程开关 SQ_1 复合触点的常开(动合)触点与反向起动按钮 SB_3 并联,行程开关 SQ_1 复合触点的常闭(动断)触点串联在正向的接触器 KM_1 的线圈电路中;行程开关 SQ_2 复合触点的常开(动合)触点与正向起动按钮 SB_2 并联,行程开关 SQ_2 复合触点的常闭(动断)触点串联在反向接触器 KM_2 的线圈电路中。

2. 工作原理

先合上三相断路器 QF,将电源引入主电路和控制电路。

当起动电动机时,按下起动按钮 SB_2,接触器 KM_1 的线圈得电,接触器 KM_1 的触点动作,接触器 KM_1 的主触点 KM_1 闭合,电动机接入电源的相序为 A→B→C,电动机 M

正转运行；辅助常开触点 KM₁ 闭合自锁，带动运动部件前进（左行）；当运动部件运动到左端时，运动部件左端上的机械挡块撞压行程开关 SQ₁，SQ₁ 的触点动作，其复合触点的常闭（动断）触点先断开，切断接触器 KM₁ 的线圈电路，使接触器 KM₁ 的线圈失电，触点恢复常态，主触点 KM₁ 断开，电动机 M 停电，使运动部件停止前进（左行）；辅助常闭触点 KM₁（互锁触点）闭合，为电动机 M 反转起动做准备；接着行程开关 SQ₁ 复合触点的常开（动合）触点后闭合，使接触器 KM₂ 的线圈得电，接触器 KM₂ 的触点动作，接触器 KM₂ 的主触点 KM₂ 闭合，电动机接入电源的相序为 C→B→A，电动机 M 反转运行；辅助常开触点 KM₂ 闭合自锁，带动运动部件后退（右行）；当运动部件运动到右端时，运动部件右端的机械挡块撞压行程开关 SQ₂，使 SQ₂ 的触点动作，其复合触点的常闭（动断）触点先断开，切断接触器 KM₂ 的线圈电路，使接触器 KM₂ 的线圈失电，其触点恢复常态，主触点 KM₂ 断开，主电路断开，使运动部件停止倒退（右行）；辅助常闭触点 KM₂（互锁触点）闭合，为电动机 M 正转起动做准备；接着行程开关 SQ₂ 复合触点的常开（动合）触点闭合，又使接触器 KM₁ 的线圈得电，接触器 KM₁ 的触点动作，接触器 KM₁ 的主触点 KM₁ 闭合，电动机接入电源的相序为 A→B→C，电动机 M 正转运行；接触器 KM₁ 的辅助常开触点 KM₁ 闭合自锁，带动运动部件前进（左行）……如此循环，实现了自动往复控制。

按下停止按钮 SB₁ 时，控制电路断开，使接触器线圈失电，不论电动机 M 处于正转还是反转运行状态，电动机 M 停止运行，运动部件停止运动。

3. 保护环节

为了保证控制系统安全可靠，有短路保护、过载保护、欠压和失压保护等保护环节，还有电气互锁，防止电源短路及极限位置保护。

可见，利用行程开关就可以控制运动部件自动往复运动。在实际生产过程中，为了安全往往还需要在工作台两侧采取极限位置的保护，仍然利用行程开关实现行程的极限保护。在行程位置的左、右两边即 SQ₁ 和 SQ₂ 的外侧再装设两只行程开关 SQ₃、SQ₄，如图 4-6 所示，分别作左极限和右极限位置的保护。在控制电路中，将左、右极限的行程开关 SQ₃ 和 SQ₄ 的常闭（动断）触点分别串联在接触器 KM₁ 和 KM₂ 的线圈电路中，如图 4-7 所示。当行程开关 SQ₁ 或 SQ₂ 由于频繁起停或其他故障导致失灵，不能控制工作台在 SQ₁ 至 SQ₂ 间正常往复运动时，利用行程开关 SQ₃ 或 SQ₄，使工作台在左端或右端的极限位置停下来，实现极限位置的保护。

由上述工作过程可知，工作台每进行 1 次往返运动，电动机就要经受 2 次反接制动过程，会出现较大的反接制动电流和机械冲击力，因此，这种控制电路只适用于循环周期较长的生产机械。在选择接触器容量时，应该比一般情况下要大一些。由于有触点的机械式行程开关容易损坏，可采用无触点的接近开关或光电开关代替机械式行程开关实现行程控制。

4.1.7 顺序控制

在实际生产中，常常要求各种运动部件之间或生产机械之间能够按顺序工作。例如车床主轴转动时，要求油泵先给润滑油，主轴停止后，油泵才可停止工作。换言之，要求起动时，油泵电动机先起动，主轴电动机后起动；停车时，主轴电动机停止后，才允许油泵电动机停止工作。

下面介绍几种顺序控制的控制电路。以两台三相异步电动机 M_1 和 M_2 为被控对象。

1. 顺序起动，同时停车

控制要求：电动机 M_1 起动后电动机 M_2 才能起动，电动机 M_1 和电动机 M_2 同时停车。即要求顺序起动，同时停车。

1）电路组成

主电路如图 4-8 所示。两台电动机分别由接触器 KM_1 和接触器 KM_2 控制。

起动控制电路如图 4-9 所示。SB_1 为停车按钮，SB_2 和 SB_3 为电动机 M_1 和电动机 M_2 的起动按钮，接触器 KM_1 和接触器 KM_2 分别控制电动机 M_1 和电动机 M_2。

2）工作原理

在图 4-9(a)中，将接触器 KM_1 的一个辅助常开（动合）触点 KM_1 串联在接触器 KM_2 线圈所在的电路中。按下起动按钮 SB_2，接触器 KM_1 的线圈得电，它的触点动作，主触点闭合，使电动机 M_1 通电，电动机 M_1 起动；接触器 KM_1 的辅助常开触点 KM_1 闭合自锁，电动机 M_1 连续运转；串联在接触器 KM_2 线圈回路中的 KM_1 常开触点 KM_1 闭合，为接触器 KM_2 线圈得电做准备；在这种情况下按下起动按钮 SB_3，接触器 KM_2 线圈才能得电，接触器 KM_2 的主触点闭合，使电动机 M_2 通电，电动机 M_2 才能起动，实现顺序起动控制。

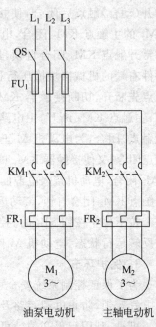

图 4-8 顺序控制主电路

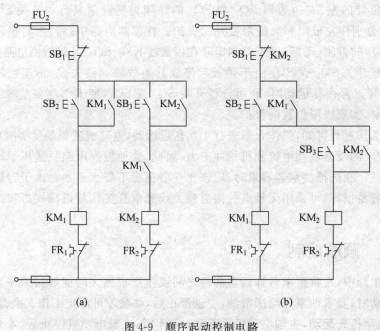

图 4-9 顺序起动控制电路

在图 4-9(b)中,电动机 M_2 的控制电路接在接触器 KM_1 的自锁触点之后。按下起动按钮 SB_2,接触器 KM_1 的线圈得电,它的触点动作,主触点 KM_1 闭合,使电动机 M_1 通电,辅助常开触点 KM_1 闭合自锁,使电动机 M_1 连续运行;串联在接触器 KM_2 线圈回路中的 KM_1 常开触点 KM_1 闭合,为接触器 KM_2 线圈得电做准备;在这种情况下按下起动按钮 SB_3,接触器 KM_2 线圈才能得电,其触点动作,主触点 KM_2 闭合,电动机 M_2 通电,电动机 M_2 才能起动。实现顺序起动控制。

可见,在图 4-9 所示的控制电路中,只有电动机 M_1 起动后,电动机 M_2 才能起动。即顺序起动控制。

当按下停止按钮 SB_1,接触器 KM_1 和接触器 KM_2 线圈同时失电,其触点恢复常态,两个接触器的主触点断开,电动机 M_1 和 M_2 都断电,电动机 M_1 和电动机 M_2 同时停止运行。

3) 保护环节

为了保证控制系统安全可靠,有短路保护、过载保护、欠压和失压保护等保护环节。

2. 顺序起动,逆序停车

控制要求:电动机 M_1 起动后电动机 M_2 才能起动;电动机 M_2 停车后电动机 M_1 才能停车,即要求顺序起动,逆序停车。

1) 电路组成

主电路与图 4-8 所示相同。

控制电路如图 4-10 所示。按钮 SB_1、SB_2 为电动机 M_1 的停止按钮和起动按钮;SB_3、SB_4 为电动机 M_2 的停止按钮和起动按钮。

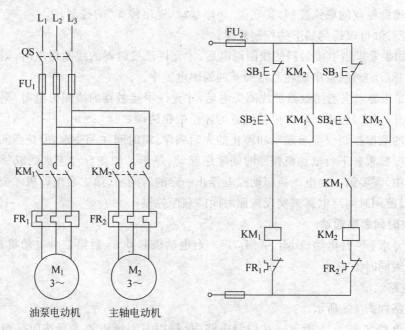

图 4-10 顺序起动、逆序停车控制电路

2) 工作原理

顺序起动：为了实现顺序起动，将接触器 KM_1 的辅助常开（动合）触点串联在接触器 KM_2 的线圈电路中，只有当接触器 KM_1 的线圈得电，接触器 KM_1 的触点动作，接触器 KM_1 的主触点闭合，电动机 M_1 才起动；接触器 KM_1 的辅助常开（动合）触点 KM_1 闭合，为电动机 M_2 起动做准备；在这种情况下，按下起动按钮 SB_3，接触器 KM_2 的线圈才能得电，其触点动作，接触器 KM_2 的主触点闭合，电动机 M_2 通电，电动机 M_2 起动；即当电动机 M_1 先起动后，电动机 M_2 才能起动，实现顺序起动。

逆序停车：为了实现逆序停车，将接触器 KM_2 的辅助常开（动合）触点 KM_2 并联在停车按钮 SB_1 两边，只有当接触器 KM_2 的线圈失电，其触点恢复常态，并联在停车按钮 SB_1 两端的触点 KM_2 断开，停车按钮 SB_1 才有效；在这种情况下，按下停车按钮 SB_1 才能使接触器 KM_1 线圈失电。

停车时，按下停车按钮 SB_2，接触器 KM_2 的线圈失电，其触点恢复常态，其主触点 KM_2 断开，电动机 M_2 断电，电动机 M_2 停止运行；并联在停车按钮 SB_1 两端的触点 KM_2 断开，为电动机 M_1 停车做准备；在这种情况下，按下停车按钮 SB_1 使接触器 KM_1 线圈失电，其触点恢复常态，接触器 KM_1 的主触点断开，电动机 M_1 断电，电动机 M_1 停车，即逆序停车。

3) 保护环节

为了保证控制系统安全可靠，有短路保护、过载保护、欠压和失压保护等保护环节。

在实际应用中，加工机床就是这种顺序起动、逆序停车控制的典型应用。M_1 为油泵电动机，M_2 为主轴电动机，分别由接触器 KM_1 和 KM_2 控制。

利用辅助触点的联锁控制，实现了"顺序起动、逆序停车"的控制。

综上所述，可以得到如下的控制规律：

（1）如果要求当甲接触器的线圈得电后，才允许乙接触器的线圈得电时，则应将甲接触器的常开（动合）触点串联在乙接触器的线圈电路中。

（2）如果要求当乙接触器的线圈失电后，才允许甲接触器的线圈失电时，则应将乙接触器的常开（动合）触点并联在甲接触器的停止按钮两端。

上述的顺序控制仅要求起动和停止的先后顺序，对时间并无要求，但是在实际生产中有许多情况要求若干台电动机按照时间顺序起动、停车。如在自动流水线或货物的传送带的控制中，需要第一台电动机起动或者停止一定的时间后，第二台电动机才能起动或者停止，可以使用时间继电器来实现按照时间的顺序控制。

3. 按时间顺序起动

控制要求：两台电动机 M_1 和 M_2，第一台电动机起动 5s 后第二台电动机自行起动，两台电动机同时停车。

1) 电路组成

主电路如图 4-8 所示。

控制电路如图 4-11 所示。在控制电路中，利用时间继电器实现按时间原则起动控制。将时间继电器的线圈 KT 与接触器 KM_1 的线圈并联，将时间继电器的延时闭合的常开（动合）触点串联在接触器 KM_2 线圈的电路中。

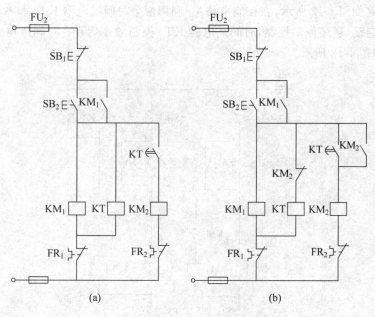

图 4-11 按时间顺序起动的控制电路

2）工作原理

如图 4-11(a)所示,按下起动按钮 SB_2,接触器 KM_1 线圈得电,其触点动作,主触点 KM_1 闭合,电动机 M_1 起动;接触器 KM_1 的辅助常开触点 KM_1 闭合自锁,电动机 M_1 连续运行;与接触器 KM_1 线圈并联的时间继电器 KT 的线圈同时得电,并开始计时,当计时时间到,时间继电器 KT 延时闭合的常开触点 KT 闭合,使接触器 KM_2 线圈得电;其触点动作,主触点 KM_2 闭合,电动机 M_2 通电,电动机 M_2 起动;由于时间继电器 KT 线圈一直有电,KT 延时闭合的常开触点 KT 一直闭合,电动机 M_2 连续运行。实现了电动机 M_1 和 M_2 按时间顺序起动。

由于在按照时间顺序起动后时间继电器仍然在通电,增加了功耗,为了减少功耗,节约电能,减少运行费用,可以对图 4-11(a)的控制电路进行改进,当时间继电器 KT 在电动机 M_2 完成起动后,应将其切除。如图 4-11(b)所示,将接触器 KM_2 的常闭触点 KM_2 串联在时间继电器 KT 的线圈回路上,当接触器 KM_2 的线圈得电时,其常闭触点断开,就可使时间继电器线圈失电;为保证在时间继电器线圈失电后,接触器 KM_2 仍然有电,应在时间继电器 KT 的延时闭合的常开触点 KT 上并联接触器 KM_2 的常开触点 KM_2,作为接触器 KM_2 的自锁触点,如图 4-11(b)所示。

4. 按时间顺序起动、逆序停车

控制要求:两台电动机 M_1 和 M_2,第一台电动机 M_1 起动 5s 后第二台电动机 M_2 自行起动,即按时间顺序起动;第二台电动机 M_2 停车 8s 后第一台电动机 M_1 自行停车,即按时间逆序停车。

1）电路组成

主电路如图 4-8 所示。

控制电路如图 4-12 所示,在控制电路中,利用两个时间继电器 KT_1 和 KT_2 实现按时间原则顺序启动、逆序停车控制,时间继电器 KT_1 控制顺序启动;时间继电器 KT_2 控制逆序停车,如图 4-12 所示。

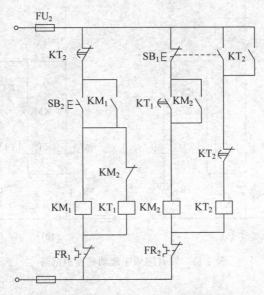

图 4-12 按时间顺序起动、逆序停车控制电路

2)工作原理

如图 4-12 所示,按时间原则顺序起动控制的工作原理与上文叙述相同。

逆序停车的工作原理:停车按钮 SB_1 为复合按钮,按下停车按钮 SB_1,其复合触点的常闭触点先断开,使接触器 KM_2 的线圈失电,接触器 KM_2 的触点恢复常态,接触器 KM_2 的主触点断开,电动机 M_2 停车;停车按钮 SB_1 复合触点的常开触点后闭合,使时间继电器 KT_2 的线圈得电,计时开始,它的瞬时常开触点 KT_2 闭合自锁,使时间继电器 KT_2 的线圈保持得电;当延时时间到,时间继电器 KT_2 延时断开的常闭触点 KT_2 断开,使接触器 KM_1 的线圈失电,其主触点 KM_1 恢复常态,电动机 M_1 断电,电动机 M_1 停止运行;同时串联在 KT_2 的线圈所在回路的延时断开的常闭触点 KT_2 断开,使 KT_2 的线圈失电,时间继电器 KT_2 停止工作。

3)保护环节

为了保证控制系统安全可靠,有短路保护、过载保护、欠压和失压保护等保护环节。

在实际生产中,自动生产线上和传送带的控制中有许多不同的按时间顺序起动和停车的控制问题,请同学们思考,可自行设计满足控制要求的控制电路。

4.2 三相异步电动机的全压起动

三相异步电动机接通电源后,由静止状态逐渐加速到稳定状态运行的过程称为电动机的起动。三相异步电动机的起动方式有全压起动和降压起动两种。

(1)全压起动是将额定电压直接加在电动机的定子绕组上使电动机运转。在变压器容量允许的情况下,三相异步电动机应尽可能采用全压起动。这样,控制电路简单,可靠性高,且减少了电气维修的工作量。

一般情况下,10kW 以下的电动机采用全压起动。而对于较大容量(大于 10kW)的电动机如果采用全压起动方式,其起动电流大约为额定电流的 4~7 倍,过大的起动电流,会对电网产生巨大的冲击力,不仅会影响同一电网中其他设备的正常工作,同时也会缩短电动机的寿命。所以,对于大功率电动机需要采用降压起动方式。

(2)降低起动是利用起动设备将电压适当降低后加在电动机定子绕组上进行起动,限制起动电流,改善起动特性,待电动机起动过程结束后,再将电压恢复到额定值,使之在额定电压下全压运行。

三相笼型异步电动机的起动方法是否适合采用直接全压起动控制,要看电动机电源容量是否允许电动机在额定电压下直接起动。可根据式(4-1)进行判断,若不等式成立,则可采用直接起动,否则应采用降压起动。

$$\frac{I_{ST}}{I_N} \leqslant \frac{3}{4} + \frac{P_S}{P_N} \tag{4-1}$$

式中:I_{ST} 为起动电流;I_N 为额定电流;P_S 为电源容量;P_N 为电动机额定功率。

4.2.1 直接全压起动

采用开关或断路器将三相电源直接与电动机连接。

1. 电路组成

采用断路器或开关(闸刀开关、转换开关或铁壳开关等)将电源与电动机直接连接,图 4-13 所示为开关直接起动控制电路。

2. 工作原理

合上开关 QS,将额定电压直接加在电动机的定子绕组上,电动机起动运行;断开开关 QS,电动机停止运行。

3. 保护环节

为了系统安全可靠,有短路保护环节。

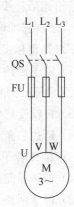

图 4-13 开关直接起动控制

4.2.2 自动控制全压起动

对于容量稍大或起动频繁的电动机,为了保证操作人员和电网的安全,采用自动控制电器——接触器 KM 接通或断开主电路。图 4-14 所示为三相异步电动机单向全压起动控制电路。主电路为电动机所在电路。

1. 电路的组成

主电路由刀开关 QS、熔断器 FU_1、接触器 KM 的主触点、热继电器 FR 的检测部分——热元件及电动机 M 组成。

控制电路由熔断器 FU_2、停止按钮 SB_1、起动按钮 SB_2 及接触器 KM 的线圈、接触器 KM 的辅助常开触点、热继电器 FR 的常闭触点等组成。

2．工作原理

先合上刀开关 QS，将电源引入主电路和控制电路。

当电动机起动时，按下起动按钮 SB$_2$，接触器 KM 的线圈得电，其触点动作，主触点 KM 闭合，主电路接通，电动机的定子绕组与电源接通，电动机全压起动，同时接触器 KM 的辅助常开触点 KM 闭合自锁，使电动机 M 连续运行。

按下停车按钮 SB$_1$，接触器 KM 的线圈失电，接触器 KM 的触点恢复常态，主触点断开，电动机断电，电动机 M 停止运行。

3．保护环节

为了保证控制系统安全可靠，有短路保护、过载保护、欠压和失压保护等保护环节。

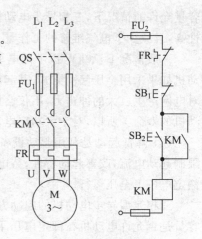

图 4-14　单向全压起动控制电路

4.3　三相笼型异步电动机降压起动

三相笼型异步电动机降压起动就是利用起动设备将电压适当降低后加在电动机定子绕组上，限制起动电流，待电动机起动后，再将电压恢复到额定值，使电动机全压运行。

三相笼型异步电动机的降压起动方法如下。

（1）定子回路串电阻或电抗器降压起动。

（2）星形-三角形降压起动。

（3）自耦变压器降压起动。

（4）延边三角形降压起动。

三相绕线转子异步电动机的降压起动方法如下。

（1）转子回路串电阻起动。

（2）转子回路串频敏变阻器起动。

4.3.1　定子串电阻（或电抗器）降压起动

三相笼型异步电动机起动时，在三相定子电路中串入电阻，使加在电动机定子绕组上的电压降低，限制了起动电流，待电动机转速上升到接近额定值时，将电阻切除，使电动机在额定电压下稳定运行。

1．电路组成

图 4-15 所示为定子串电阻降压起动的主电路和控制电路。主电路由熔断器 FU$_1$、两个接触器 KM$_1$ 和 KM$_2$、一组降压电阻 R、热继电器 FR 检测元件及电动机 M 组成。接触器 KM$_1$ 用于接通降压电阻，接触器 KM$_2$ 用于短接降压电阻。

控制电路由熔断器 FU$_1$、停车按钮 SB$_1$、起动按钮 SB$_2$、时间继电器 KT 等组成，利用时间继电器 KT 按时间原则实现从降压起动转到全压运行状态的自动切换。

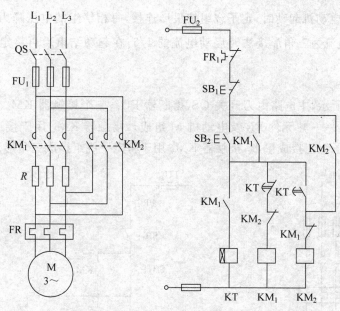

图 4-15　定子串电阻降压起动控制电路

2．工作原理

先合上刀开关 QS，将电源引入主电路和控制电路。

起动：按下起动按钮 SB_2，接触器 KM_1 的线圈得电，其触点动作，主触点 KM_1 闭合，使定子绕组串电阻 R 降压起动；辅助常开触点 KM_1 闭合，使时间继电器 KT 的线圈得电，开始计时；辅助常闭触点 KM_1 断开，封锁接触器 KM_2 的线圈；待计时时间到，时间继电器延时闭合的常开触点 KT 闭合，使接触器 KM_2 的线圈得电，接触器 KM_2 的触点动作，主触点 KM_2 闭合将降压电阻 R 短路，降压起动过程结束，定子绕组加上额定电压，电动机 M 全压运行；接触器 KM_2 的辅助常开触点 KM_2 闭合自锁，使 KM_2 的线圈连续得电；KM_2 的辅助常闭触点 KM_2 断开，封锁接触器 KM_1 的线圈，触点恢复常态，主触点断开切除降压电阻 R；接触器 KM_1 的常开触点 KM_1 断开，切掉时间继电器 KT，减少了运行设备，节省了电能。

可见，起动时电动机所在主电路串入了起动电阻 R，使电动机实现减压起动；当电动机转速逐渐升高接近额定转速时，利用时间继电器 KT 按照设定的时间将起动电阻 R 短接，使电动机自动转换成全压运行。这种按照时间进行控制的原则称为时间控制原则。采用时间继电器可实现按照时间控制原则进行控制。

停车：按下停车按钮 SB_1，接触器线圈失电，其主触点恢复常态，电动机停止运行。

3．保护环节

为了保证控制系统安全可靠，要有短路保护、过载保护、欠压和失压保护等保护环节。接触器 KM_1 和接触器 KM_2 的常闭触点 KM_1 和 KM_2 互锁，使接触器 KM_1 和接触器 KM_2 的线圈不能同时得电，防止由此引起的电源短路故障。

4.3.2　星形-三角形（Y-△）降压起动

如果三相笼型异步电动机的接法为三角形接法，并且容量较大，可以采用星形-三角形降压起动,即电动机起动时,定子绕组按星形连接,每相绕组的电压降为三角形连接时的 $1/\sqrt{3}$,起动电流为三角形接法时启动电流的 $1/3$,在起动结束后再将定子绕组换接成三角形。

1. 电路组成

如图 4-16 所示,主电路由刀开关 QS、熔断器 FU_1、三个接触器 KM_1、KM_2、KM_3、热继电器检测部分——热元件 FR 及电动机 M 组成。接触器 KM_1 用于接通电源,接触器 KM_2 用于将定子绕组接成星形,接触器 KM_3 用于将定子绕组接成三角形。

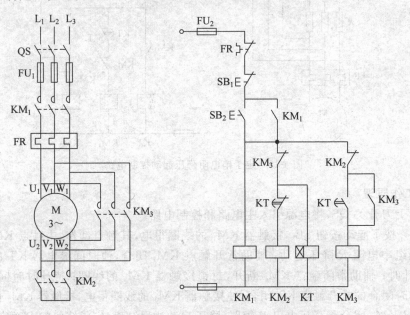

图 4-16 星形-三角形降压起动的主电路和控制线路

控制电路中,由时间继电器 KT 按时间原则实现定子绕组从星接转换成角接的控制。接触器 KM_1、KM_2 和时间继电器 KT 的线圈并联,接触器 KM_3 的线圈由时间继电器延时闭合的常开触点 KT 控制,如图 4-16 所示是星形-三角形降压起动的主电路和控制线路。

2. 工作原理

如图 4-16 所示,先合上刀开关 QS,将电源引入主电路和控制电路。

起动时,按下起动按钮 SB_2,接触器 KM_1、KM_2 和时间继电器 KT 的线圈同时得电,其触点动作,接触器 KM_1 主触点 KM_1 闭合,主电路接通电源,电动机 M 通电;辅助常开触点 KM_1 闭合自锁;接触器 KM_2 的主触点 KM_2 闭合,使定子绕组接成星形,电动机 M 降压起动;接触器 KM_2 的辅助常闭触点 KM_2 断开,封锁接触器 KM_3 的线圈;同时时间继电器 KT 的线圈得电,开始计时;当延时时间到,时间继电器延时断开的常闭触点 KT 断开,接触器 KM_2 的线圈失电,其触点恢复常态,主触点 KM_2 断开,使定子绕组断开星形连接,电动机停电;由于惯性电动机 M 的转子仍然继续转动;接触器 KM_2 的辅助常闭触点 KM_2 闭合,为接触器 KM_3 的线圈得电做准备;时间继电器延时闭合的常开触点 KT

闭合,接触器 KM_3 的线圈得电,其触点动作,主触点 KM_3 闭合使定子绕组接成三角形,电动机 M 通电;辅助常开触点 KM_3 闭合自锁,电动机 M 在额定电压下运行;辅助常闭触点 KM_3 断开,封锁接触器 KM_2 的线圈,同时也切除了时间继电器 KT 的线圈,减少了运行设备,节约了电能。

停车时,按下停车按钮 SB_1,断开控制电路,接触器线圈失电,接触器的触点恢复常态,主触点断开,电动机断电,电动机 M 停止运行。

3. 保护环节

为了保证控制系统安全可靠,有短路保护、过载保护、欠压和失压保护等保护环节,还有电气互锁,防止电源短路。

接触器 KM_2 和接触器 KM_3 的常闭触点 KM_2 和 KM_3 互锁,使接触器 KM_2 和接触器 KM_3 的线圈不能同时得电,即定子绕组不能同时接成星形和三角形,防止了电源短路。

4.3.3 自耦变压器降压起动

自耦变压器按星形接法连接,起动时将电动机 M 的定子绕组接到自耦变压器的二次侧。电动机 M 定子绕组得到的电压即为自耦变压器的二次电压,改变自耦变压器抽头的位置可以获得不同的起动电压。在实际应用中,自耦变压器一般有 40%、60%、80% 等多个抽头。

1. 电路组成

主电路由开关 QS、熔断器 FU_1、两个接触器 KM_1 和 KM_2、热继电器检测元件 FR 及电动机 M 组成。接触器 KM_1 用于将定子绕组接低压,接触器 KM_2 用于将定子绕组接通额定电压。

控制电路中,由时间继电器 KT 按时间原则实现定子绕组从低压转换成全压的控制。接触器 KM_1 和时间继电器 KT 的线圈并联,接触器 KM_2 的线圈由时间继电器的延时闭合的常开触点 KT 控制,如图 4-17 所示是自耦变压器降压起动的主电路和控制线路。

2. 工作原理

如图 4-17 所示,先合上刀开关 QS,将电源引入主电路和控制电路。

起动时,按下起动按钮 SB_2,接触器 KM_1 和时间继电器 KT 的线圈同时得电,其触点动作,接触器 KM_1 的主触点 KM_1 闭合,将自耦变压器二次侧抽头的电压接到电动机 M 的定子绕组上,电动机 M 降压起动;辅助常开触点 KM_1 闭合自锁;辅助常闭触点 KM_1 断开,封锁接触器的 KM_2 线圈;同时时间继电器 KT 的线圈得电,开始计时;待计时时间到,时间继电器延时断开的常闭触点 KT 断开,接触器 KM_1 的线圈失电,触点恢复常态,主触点 KM_1 断开,使定子绕组断开与自耦变压器二次侧的连接,由于惯性,电动机 M 的转子仍然继续转动;接触器 KM_1 的辅助常闭触点 KM_1 闭合,为接触器 KM_2 的线圈得电做准备;时间继电器延时闭合的常开触点 KT 闭合,接触器 KM_2 的线圈得电,触点动作,主触点 KM_2 闭合使定子绕组接到自耦变压器的一次侧,定子绕组加上了额定电压;辅助常开触点 KM_2 闭合自锁,电动机 M 在额定电压下运行;辅助常闭触点 KM_2 断开,封锁接触器 KM_1 的线圈,同时也切除了时间继电器 KT 的线圈,减少了运行设备,节约了电能。

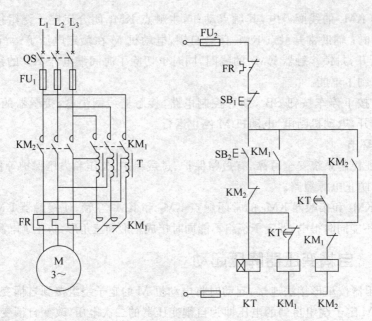

图 4-17　自耦变压器降压起动控制电路

停车时，按下停车按钮 SB_1，断开控制电路，接触器的线圈失电，接触器的触点恢复常态，主电路断开，电动机断电，电动机 M 停止运行。

3. 保护环节

为了保证控制系统安全可靠，有短路保护、过载保护、欠压和失压保护等保护环节，还有电气互锁，防止电源短路。

接触器 KM_1 和接触器 KM_2 的常闭触点 KM_1 和 KM_2 互锁，使接触器 KM_1 和接触器 KM_2 的线圈不能同时得电，防止由此引起的电源短路故障。

4.3.4　三相绕线式异步电动机起动

三相绕线式异步电动机的起动方法有：转子绕组串电阻和转子绕组串频敏变阻器。

1. 转子绕组串电阻起动

在三相转子绕组中分别串接几级电阻，并按星形方式接线。起动前，起动电阻全部接入电路降低转子绕组中的电压，限制起动电流；起动过程中，随转速升高，起动电流下降，起动电阻被逐级短接；到起动过程结束时，全部电阻被短接切除，电动机全压运行。

根据绕线式异步电动机起动过程中转子电流的变化及所需起动时间，有电流原则和时间原则两种控制方式，即可以采用电流继电器控制，也可以采用时间继电器控制。图 4-18 所示为按时间原则设计的三相绕线式异步电动机转子串电阻降压起动控制电路。

1）电路组成

主电路由刀开关 QS、熔断器 FU_1、接触器 KM_1、KM_2、KM_3、KM_4、起动电阻 R_1、R_2、R_3、热继电器检测元件 FR 及电动机 M 组成。其中，接触器 KM_1、KM_2、KM_3 用于短接转子起动电阻，接触器 KM_4 用于接通电源。

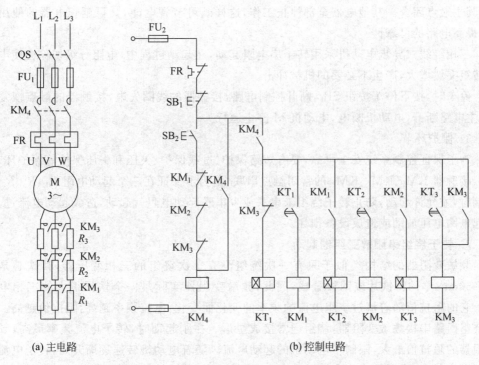

(a) 主电路   (b) 控制电路

图 4-18　按时间原则控制绕线式异步电动机转子串电阻起动控制电路

控制电路中有时间继电器 KT_1、KT_2、KT_3，按时间原则延时控制，逐段切除起动电阻 R_1、R_2、R_3，起动完毕后，电动机 M 加额定电压运行。

2）工作原理

如图 4-18 所示，先合上刀开关 QS，将电源引入主电路和控制电路。

起动时，按下起动按钮 SB_2，接触器 KM_4 的线圈得电，触点动作，主触点 KM_4 闭合，主电路接通电源，转子绕组串接全部起动电阻 $R_1+R_2+R_3$，电动机 M 降压起动；辅助常开触点 KM_4 闭合自锁；另一个辅助常开触点 KM_4 闭合，使时间继电器 KT_1 的线圈得电，时间继电器 KT_1 开始计时；当计时时间到，时间继电器 KT_1 延时闭合的常开触点闭合，使接触器 KM_1 的线圈得电，触点动作，主触点 KM_1 闭合短接电阻 R_1，切除起动电阻 R_1；辅助常开触点 KM_1 闭合，使时间继电器 KT_2 的线圈得电，时间继电器 KT_2 开始计时；当计时时间到，时间继电器 KT_2 延时闭合的常开触点闭合，使接触器 KM_2 的线圈得电，触点动作，主触点 KM_2 闭合短接电阻 R_2，又切除了起动电阻 R_2；辅助常开触点 KM_2 闭合，使时间继电器 KT_3 的线圈得电，时间继电器 KT_3 开始计时；当计时时间到，时间继电器 KT_3 延时闭合的常开触点闭合，使接触器 KM_3 的线圈得电，触点动作，主触点 KM_3 闭合短接电阻 R_3，又切除了起动电阻 R_3；辅助常闭触点 KM_3 断开，切除定时器；到此全部起动电阻被短接切除，起动过程结束，电动机全压运行。

在时间继电器 KT_1、KT_2、KT_3 的延时控制下，接触器 KM_1、KM_2、KM_3 的线圈依次得电，使转子回路中的三组起动电阻 R_1、R_2、R_3 顺序被短接，到起动过程结束时，全部电阻被短接切除，电动机全压运行。正常工作时，只有 KM_3 和 KM_4 两个接触器的线圈得电,其主触点闭合。其他电器全部停止工作,这样既可节省电能,又可延长电器的使用寿命,提高电路的可靠性。

三相绕线式异步电动机采用转子串电阻起动,在起动过程中,电阻分级切除会使电流及转矩突然增大,产生不必要的机械冲击。

停车时,按下停车按钮 SB$_1$,断开控制电路,接触器的线圈失电,接触器的触点恢复常态,主电路断开,电动机断电,电动机 M 停止运行。

3)保护环节

为了保证控制系统安全可靠,要有短路保护、过载保护、欠压和失压保护等保护环节。

接触器 KM$_1$、KM$_2$、KM$_3$ 的常闭触点串联,是为了保证在三个起动电阻 R$_1$、R$_2$、R$_3$ 均连接时,才允许起动,防止转子绕组未串联或少串联起动电阻就起动,造成起动电流过大,引起电网电压波动或造成设备损坏。

2. 转子绕组串频敏变阻器起动

频敏变阻器的结构类似于只有一次绕组没有二次绕组的三相变压器,其铁心是由30～50mm 厚的铸铁片或钢板叠成,因此,频敏变阻器实际是一个铁损很大的三相电抗器。它的阻抗值随着流过绕组电流的频率的变化而变化,电流频率越高,阻抗值越高。转子绕组回路串接频敏变阻器,绕组通常接成星形。在刚起动时,转子电流频率最高,频敏变阻器的阻抗值最大,限制了电动机的起动电流。随着电动机转速逐渐升高,转子电流频率逐渐降低,变阻器的阻抗也逐渐减少,正常转速时,其阻抗值接近于零。所以,频敏变阻器相当于无级变化的变阻器,工作原理请读者自行学习。

4.4　调速控制

生产机械或设备在实际生产中常常需要多个速度输出,这就要求对拖动生产机械或设备的电动机进行调速。调速是使电动机从一个稳定运行的速度转变到另一个速度稳定运行。电动机的转速公式为

$$n = n_0(1-s) = \frac{60f}{p}(1-s) \tag{4-2}$$

式中:n_0 为定子旋转磁场的同步转速(r/min);f 为交流电源的频率,我国的工频电频率为 50Hz;p 为电动机的磁极对数,2 极电动机 $p=1$,4 极电动机 $p=2$;s 为转差率,一般取 0.01～0.02。

从式(4-2)可知,调节电动机的转速可调节公式中的 f、p 和 s 三个参数,因此三相异步电动机的调速方法有变频调速、变极调速和变转差率调速。

变转差率调速主要用于绕线式转子三相异步电动机,本节主要介绍变极调速和变频调速。

4.4.1　变极调速

变极调速是在电网频率不变的情况下,电动机的同步转速与它的极对数成反比。根据三相异步电动机的工作原理可知,三相异步电动机的转速与定子旋转磁场的同步转速

接近,其转差率为0.01~0.02,同步转速与磁极对数的关系如表4-1所示。通过改变电动机定子旋转磁场的磁极对数达到调速的目的,适合于三相笼型异步电动机。

表4-1 磁极对数与同步转速、转子转速的关系

p(磁极对数)	$n_0/(\text{r/min})$	$n/(\text{r/min})$
1	3000	2980
2	1500	1450
3	1000	980
4	750	680

三相笼型异步电动机有两种改变磁极对数的方法:一是改变定子绕组的连接方式,即改变定子绕组中电流的流动方向,形成不同的磁极对数;二是在定子绕组上安装具有不同磁极对数的两套相互独立的绕组。当一台电动机需要较多级数的速度输出时,可同时采用这两种方法。

变极调速的优点是:①机械特性较硬,稳定性好;②无转差损耗,效率高;③接线简单、控制方便;④价格低。

其缺点是:①有级调速,不能获得平滑调速,并且级差较大;②需要与调压调速、电磁转差离合器配合使用,才能获得较高效率的平滑调速特性。

这种调速方法适用于不需要无级调速的生产机械,如升降机、起重设备、风机、水泵及金属切削机床等。

1. 双速电动机定子绕组的连接

定子绕组每相有两个相连的线圈,线圈之间有导线引出,如图4-19(a)所示,常见的定子绕组接线有两种:一种是由单星形接法转换为双星形接法,另一种是由三角形接法转换为双星形接法。

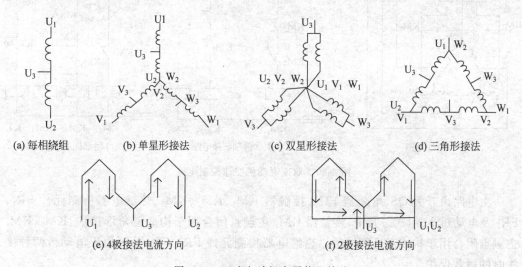

(a) 每相绕组   (b) 单星形接法   (c) 双星形接法   (d) 三角形接法

(e) 4极接法电流方向   (f) 2极接法电流方向

图4-19 双速电动机定子绕组接法

1) 单星形接法转换为双星形接法

图4-19(b)中,U_1、V_1、W_1三端接电源,U_2、V_2、W_2三端连在一起,定子绕组接成星

形；图 4-19(c)中 U_3、V_3、W_3 三端接电源，U_1、V_1、W_1 三端和 U_2、V_2、W_2 三端连在一起，定子绕组接成双星形。

2）三角形接法转换为双星形接法

图 4-19(d)中，U_1 和 W_2、V_1 和 U_2、W_1 和 V_2 分别接在一起，定子绕组接成三角形，并引出三端接电源，转换成图 4-19(c)的双星形接法。

图 4-19(b)和图 4-19(d)每相定子绕组中的电流方向如图 4-19(e)所示，形成 4 个磁极，$p=2$，定子旋转磁场的同步转速为 1500r/min；图 4-19(c)每相定子绕组中的电流方向如图 4-19(f)所示，形成 2 个磁极，$p=1$，定子旋转磁场的同步转速为 3000r/min。两种接线方式转换使磁极对数减少一半，其转速增加一倍。注意：电动机从低速转换为高速时，为保证电动机转动的方向不变，应把电源的相序改变。

单星形-双星形转换适用于拖动恒转矩性质的负载；三角形-双星形转换适用于拖动恒功率性质的负载。

2. 电路组成

图 4-20 所示为三角形-双星形转换控制电路。

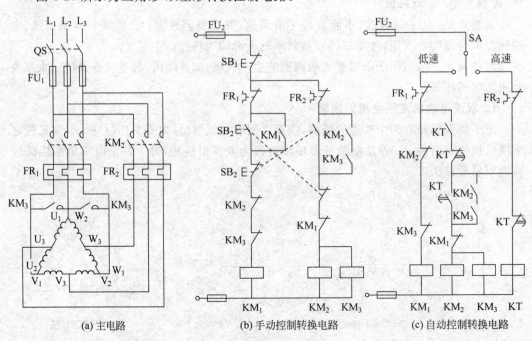

(a) 主电路　　　　(b) 手动控制转换电路　　　　(c) 自动控制转换电路

图 4-20　双速电动机变速控制电路

主电路由开关 QS、熔断器 FU_1、接触器 KM_1、KM_2、KM_3、热继电器检测元件 FR_1、FR_2 及电动机 M 组成。其中，接触器 KM_1 主触点闭合用于构成三角形接法，KM_2、KM_3 主触点闭合用于构成双星形接法。热继电器检测元件 FR_1、FR_2 分别用于电动机两种接法时的过载保护。

控制电路介绍两个方案，图 4-20(b)为手动控制，采用复合按钮 SB_1 和 SB_2 做速度的转换控制；图 4-20(c)为自动控制速度的转换，用时间继电器 KT，按时间原则控制，转速由低速转换成高速,转换完毕后,电动机 M 以高速运行。

3. 工作原理

1) 手动控制速度转换

如图 4-20(b)所示,当低速运行时,按下低速起动按钮 SB_2,复合按钮 SB_2 的常闭触点先断开,使接触器 KM_2 和 KM_3 的线圈失电,触点恢复常态,接触器 KM_2 和 KM_3 的常闭触点 KM_2、KM_3 闭合,为接触器 KM_1 的线圈得电做准备;复合按钮 SB_2 的常开触点后闭合,使接触器 KM_1 的线圈得电,触点动作,其主触点 KM_1 闭合,定子绕组为三角形接法,定子旋转磁场为 4 个磁极,即 $p=2$,电动机 M 为低速运行;接触器 KM_1 的辅助常开触点 KM_1 闭合自锁;辅助常闭触点 KM_1 断开,封锁接触器 KM_2 和 KM_3 的线圈。

当高速运行时,按下高速起动按钮 SB_3,复合按钮 SB_3 的常闭触点先断开,使接触器 KM_1 的线圈失电,触点恢复常态,其常闭点 KM_1 闭合,为接触器 KM_2 和 KM_3 的线圈得电做准备;复合按钮 SB_1 的常开触点后闭合,使接触器 KM_2 和 KM_3 的线圈得电,触点动作,其主触点器 KM_2 和 KM_3 闭合,定子绕组转换为双星形接法,定子旋转磁场为 2 个磁极,即 $p=1$,电动机 M 转为高速运行;接触器 KM_2 和 KM_3 的辅助常开触点 KM_2 和 KM_3 闭合自锁;辅助常闭触点 KM_2 和 KM_3 断开,封锁接触器 KM_1 的线圈。

按下停车按钮 SB_1,控制电路断开,线圈失电,触点恢复常态,主电路断电,电动机 M 停止运行。

2) 自动控制速度转换

如图 4-20(c)所示,当低速运行时,将选择开关 SA 打到低速挡,使接触器 KM_1 的线圈得电,触点动作,其主触点 KM_1 闭合,定子绕组为三角形接法,定子旋转磁场为 4 个磁极,即 $p=2$,电动机 M 为低速运行;辅助常闭触点 KM_1 断开,封锁接触器 KM_2 和 KM_3 的线圈。

高速运行时,选择开关 SA 打到高速挡,时间继电器 KT 的线圈得电,开始计时;时间继电器 KT 的瞬时常开触点 KT 闭合,使接触器 KM_1 的线圈得电,触点动作,其主触点 KM_1 闭合,定子绕组为三角形接法,电动机 M 低速起动;接触器 KM_1 的辅助常闭触点 KM_1 断开,封锁接触器 KM_2 和 KM_3 的线圈;当计时时间到,时间继电器 KT 延时断开的常闭触点 KT 断开,使接触器 KM_1 的线圈失电,触点恢复常态,其主触点 KM_1 断开,定子绕组断开三角形接法;由于惯性电动机 M 仍然继续转动;接触器 KM_1 辅助常开触点 KM_1 闭合,为接触器 KM_2 和 KM_3 线圈得电做准备;时间继电器 KT 延时闭合的常开触点 KT 闭合,使接触器 KM_2 和 KM_3 的线圈得电,触点动作,其主触点器 KM_2 和 KM_3 闭合,定子绕组转换为双星形接法,定子旋转磁场为 2 个磁极,即 $p=1$,电动机 M 转为高速运行;接触器 KM_2 和 KM_3 的辅助常开触点 KM_2 和 KM_3 闭合自锁;接触器 KM_2 和 KM_3 的辅助常闭触点 KM_2 和 KM_3 断开,封锁接触器 KM_1 的线圈;时间继电器 KT 的另一个延时断开的常闭触点 KT 断开,使时间继电器线圈失电,切除时间继电器。

将选择开关打到空挡,接触器 KM_2 和 KM_3 的线圈失电,其触点恢复常态,其主触点 KM_2 和 KM_3 断开,主电路断电,电动机停止运行。

4. 保护环节

为了保证控制系统安全可靠,有短路保护、过载保护、欠压和失压保护等保护环节。

接触器 KM₁ 和接触器 KM₂、KM₃ 的常闭触点 KM_1 和 KM_2、KM_3 互锁，使接触器 KM_1 和接触器 KM_2、KM_3 的线圈不能同时得电，防止由此引起的电源短路故障。

4.4.2 变频调速

变频调速是将电压和频率固定不变的工频交流电变换为电压或频率可变的交流电，利用电动机的同步转速随频率变化的特性，通过改变电动机的供电频率进行调速的方法。使用变频器进行变频调速。

变频器(Variable-frequency Drive,VFD)是应用变频驱动技术改变交流电动机工作电压的大小和频率，来平滑控制交流电动机的速度及转矩。变频器输出的波形是模拟正弦波，主要用于三相异步电动机调速，又叫变频调速器。频率能够在电动机的外面调节后再供给电动机，这样电动机的旋转速度就可以被自由地控制。变频器是变频技术的交流电动机无级调速需求的产物，因此，以控制频率为目的的变频器是作为电动机调速设备的优选设备。

1. 变频器的组成

变频器由两大部分组成：主电路和控制电路，如图 4-21 所示。

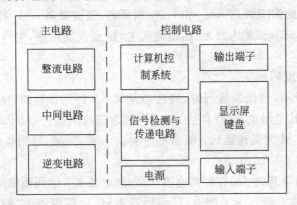

图 4-21 通用变频器电路组成示意图

1) 主电路

主电路包括整流电路、中间电路、逆变电路等功率电路。

整流电路由三相全波整流桥组成，它的作用是对外输入的三相交流电进行整流，并给逆变电路和控制电路提供直流电源。整流电路的控制方式可以是直流电电压源也可以是直流电电流源。

中间电路主要是大容量的电解电容(电压源)或大容量的电感(电流源)。它的作用是对整流电路输出的直流电流滤波，以获得质量较高的直流电源。直流电路中还包括制动电阻及其他辅助电路。

逆变电路主要由脉冲宽度调制电路组成，其功能是在控制电路的作用下将中间电路输出的直流电压转换为可调频率的交流电压。逆变器的输出即为变频器的输出，用来实现对异步电动机的调速控制。

2) 控制电路

控制电路包括计算机控制系统、信号检测与传递电路、键盘与显示电路、电源和外部端子等。

（1）计算机控制系统：接收从键盘或外部输入的各种控制信号；接收内部输入的采样信号；完成 SPWM 调制；通过外部端子发出控制信号及显示信号；向变频器的面板发出显示信号。

（2）信号检测与传递电路：检测外部信号并传递给计算机控制系统进行处理。

（3）键盘与显示电路：包括操作面板上的键盘和显示屏，键盘主要进行操作和程序预置；显示屏显示主控板提供的各种显示数据。

（4）电源：为控制电路各部分电路提供电源。

（5）外部端子：分为主电路端子和控制电路端子。控制电路端子包括输入控制端子、输出控制端子、频率设定端子等。

2. 变频器的工作原理

变频器的工作原理结构图如图 4-22 所示。

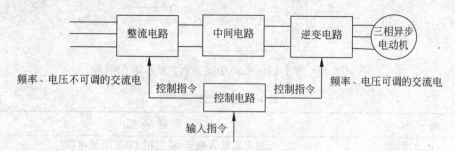

图 4-22　变频器工作原理结构图

通过控制电路的输入端子发布命令，控制变频器工作，将频率、电压不可调的交流电转换成频率、电压可调的三相交流电。在控制电路的交互界面上输入所需要的频率，就可以使接在变频器输出端的电动机得到相应的频率，达到调节电动机转速的目的。

3. 变频器端子及功能

以富士 FRN-G9S/P9S 系列变频器为例介绍变频器的功能及应用。图 4-23 所示为富士 FRN-G9S/P9S 系列变频器的外形，图 4-24 所示为富士 FRN-G9S/P9S 系列变频器端子图。主电路端子及功能见表 4-2，控制电路端子功能见表 4-3。

图 4-23　富士 FRN-G9S/P9S 系列变频器

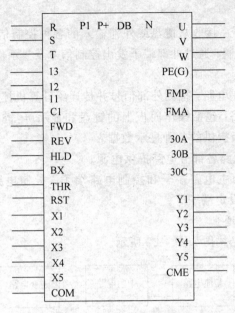

图 4-24 富士 FRN-G9S/P9S 系列变频器端子图

表 4-2 主电路端子

端 子 标 号	功 能 说 明
R、S、T	交流电源输入端子,接三相 380V 交流电源
U、V、W	变频器输出端子,接三相交流电动机
P1、P+	直流电抗器连接端子,一端接 P1,另一端接 P+
P+、DB	制动组件连接端子,正极接 P+,负极接 DB
P+、N	外置制动电阻连接端子,一端接 P+,另一端接 N
PE(G)	接地端子,接大地

表 4-3 控制电路端子

项 目	端子标号	功 能 说 明
频率设定	13	电位器电源 +10V DC
	12	电压输入 0～10V DC
	11	公共端
	C1	电流输入 +4～120mA DC
命令输入	FWD	正转运行命令,接通:正向运行;断开:减速运行→停止
	REV	反转运行命令,接通:反向运行;断开:减速运行→停止
	HLD	3 线运行停止命令,FWD、REV 端子的脉冲自保持
	BX	滑行停止命令,接通时滑行停止,不输出报警信号
	THR	外部故障跳闸命令
	RST	报警复位
控制输入	X1、X2、X3	多步速度选择
	X4、X5	选加/减时间,4 种
	COM	公共端

续表

项　　目	端子标号	功　能　说　明
监视输出	FMA	模拟监视器
	FMP	频率监视器,脉冲输出
接点输出	30A	报警输出
	30B	报警输出
	30C	报警输出
开路集电极输出	Y1、Y2、Y3、Y4、Y5	输出
	CME	开路集电极输出公共端

4. 变频器的典型应用

1) 点动控制

(1) 电路组成。主电路由空气开关 QF、接触器 KM 的主触点、变频器及电动机 M 组成。

控制电路由按钮 SB_1、SB_2 控制接触器 KM 的线圈,即控制变频器主电路的通断;按钮 SB_3 控制中间继电器 KA 的线圈;中间继电器 KA 的常开(动合)触点控制变频器的正转指令输入端,控制电动机的运行;在接触器 KM 得电的情况下,中间继电器 KA 才能得电,即只有在主电路先接通时,电动机 M 才能起动。图 4-25 所示为变频器点动控制电路。

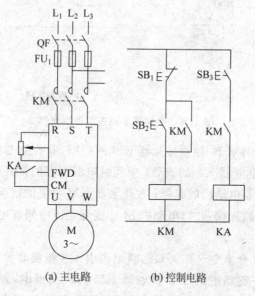

(a) 主电路　　　　(b) 控制电路

图 4-25　变频器点动控制电路

(2) 工作原理。先合上空气开关 QF,将电源引入主电路和控制电路。起动主电路:按下起动按钮 SB_2,接触器 KM 的线圈得电,触点动作,其主触点 KM 闭合,变频器的主电路通电;其辅助常开(动合)触点 KM 闭合自锁;另一辅助常开(动合)触点 KM 闭合,为控制电路通电做准备。

起动电动机：按下按钮 SB_3，中间继电器 KA 的线圈得电，触点动作，其常开（动合）触点 KA 闭合，变频器的指令输入端 FWD 接通，电动机 M 起动运行。

停车：松开按钮 SB_3，中间继电器 KA 的线圈失电，触点恢复常态，变频器的指令输入端 FWD 断电，电动机 M 停止运行。

可见，按下按钮电动机就转，松开按钮电动机就停，这种控制方式为点动控制。

按下按钮 SB_1，接触器 KM 的线圈失电，触点恢复常态，主电路断开，变频器断电。

2）单向连续控制

（1）电路组成。图 4-26 所示为变频器单向连续控制电路。主电路由空气开关 QF、接触器 KM 的主触点、变频器及电动机 M 组成。

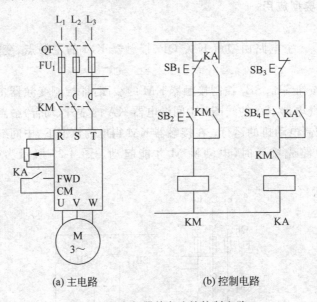

(a) 主电路   (b) 控制电路

图 4-26 变频器单向连续控制电路

控制电路由按钮 SB_1、SB_2 控制接触器 KM 的线圈，即控制变频器主电路的通断；按钮 SB_3、SB_4 控制中间继电器 KA 的线圈；中间继电器 KA 的常开（动合）触点控制变频器的正转指令输入端，控制电动机的起停；在接触器 KM 得电的情况下，中间继电器 KA 才能得电，即只有在主电路先接通时，电动机 M 才能起动。中间继电器 KA 断电时，才允许变频器的主电路断开。

（2）工作原理。先合上空气开关 QF，将电源引入主电路和控制电路。

起动主电路：按下起动按钮 SB_2，接触器 KM 的线圈得电，触点动作，其主触点 KM 闭合，变频器的主电路通电；其辅助常开（动合）触点 KM 闭合自锁；另一辅助常开（动合）触点 KM 闭合，为控制电路通电做准备。

起动电动机：按下按钮 SB_4，中间继电器 KA 的线圈得电，触点动作，其 KA 的常开（动合）触点 KA 闭合，变频器的指令输入端 FWD 接通，电动机 M 起动；另一个 KA 的常开（动合）触点 KA 闭合自锁，电动机 M 连续运行；与按钮 SB_1 并联的 KA 的常开（动合）触点 KA 闭合，使按钮 SB_1 不能自行断开变频器的主电路，只有电动机停车的情况下，才允许变频器的主电路断电。

停止电动机：按下停车按钮 SB₃，中间继电器 KA 线圈失电，触点恢复常态，变频器的指令输入端 FWD 断电，电动机 M 停止运行。

可见这种控制方式为单向连续控制。

在电动机停转的情况下，按下停车按钮 SB₁，接触器 KM 的线圈失电，触点恢复常态，变频器的主电路断开，变频器断电。

3）正/反转控制

（1）电路组成。如图 4-27 所示，主电路由空气开关 QF、接触器 KM 的主触点、变频器及电动机 M 组成。

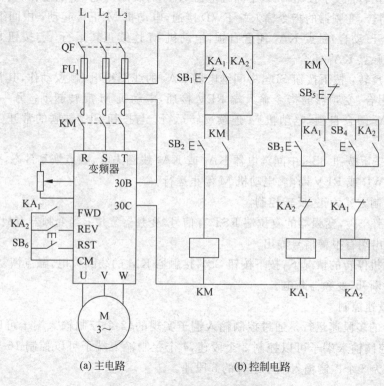

(a) 主电路　　　　　　(b) 控制电路

图 4-27　变频器正/反转控制电路

控制电路由按钮 SB₁、SB₂ 控制接触器 KM 的线圈，即控制变频器主电路的通断；按钮 SB₃ 控制中间继电器 KA₁ 的线圈；中间继电器 KA₁ 的常开（动合）触点控制变频器的正转指令输入端 FWD 通断，控制电动机的正转起停；按钮 SB₄ 控制中间继电器 KA₂ 的线圈；中间继电器 KA₂ 的常开（动合）触点控制变频器的反转指令输入端 REV 通断，控制电动机的反转起停；按钮 SB₅ 控制中间继电器 KA₁ 或 KA₂ 的线圈失电，即控制电动机停车。

按钮 SB₅ 用于变频器复位，控制变频器的复位端 RST；30A、30B 用于变频器的报警输入。

在接触器 KM 得电的情况下,中间继电器 KA₁ 或 KA₂ 的线圈才能得电,即只有在主电路先接通时,电动机 M 才能起动。为防止在变频器运行过程中,误操作按下按钮 SB₁ 切断总电源,将中间继电器 KA₁ 或 KA₂ 的常开触点与按钮 SB₁ 并联,只有在中间继电器 KA₁ 或 KA₂ 断电时,才允许变频器的主电路断开。中间继电器 KA₁ 或 KA₂ 的线圈互锁。如图 4-27 所示为变频器正/反转控制电路。

(2) 工作原理。先合上空气开关 QF,将电源引入主电路和控制电路。起动主电路:按下起动按钮 SB₂,接触器 KM 的线圈得电,触点动作,其主触点 KM 闭合,变频器的主电路通电;其辅助常开(动合)触点 KM 闭合自锁;另一辅助常开(动合)触点 KM 闭合,为控制电路通电做准备。

电动机正转:按下按钮 SB₃,中间继电器 KA₁ 的线圈得电,触点动作,其常开(动合)触点 KA₁ 闭合,变频器的指令输入端 FWD 接通,电动机 M 正转起动;中间继电器 KA₁ 的另一个常开(动合)触点 KA₁ 闭合自锁,电动机 M 连续正转运行;与按钮 SB₂ 并联的常开(动合)触点 KA₁ 闭合。

电动机反转:按下按钮 SB₄,中间继电器 KA₂ 的线圈得电,触点动作,其常开(动合)触点 KA₂ 闭合,变频器的指令输入端 REV 接通,电动机 M 反转起动;另一个常开(动合)触点 KA₂ 闭合自锁,电动机 M 连续反转运行;与按钮 SB₂ 并联的常开(动合)触点 KA₂ 闭合。

停车:按下按钮 SB₅,中间继电器 KA₁ 或 KA₂ 线圈失电,触点恢复常态,变频器的指令输入端 FWD 或 REV 断电,电动机 M 停止运行。

这种控制方式为正/反转控制。

按下按钮 SB₆,变频器的复位端 RST 有信号,变频器复位;当变频器有故障时,30A、30B 报警输出端有报警信号输出。

在电动机停转的情况下,按下按钮 SB₁,接触器 KM 的线圈失电,触点恢复常态,变频器的主电路断开,变频器断电。

4) 多段速控制

变频器的多段速运行是通过控制输入端子实现的,2 个控制输入端子可以控制 4 个段速,3 个控制输入端子可以控制 8 个段速,4 个控制输入端子可以控制 16 个段速。如表 4-4 所示为 3 个控制输入端子组合的 8 段速。

表 4-4　3 个控制输入端子组合的 8 段速

段速	X3	X2	X1
段速 0	0	0	0
段速 1	0	0	1
段速 2	0	1	0
段速 3	0	1	1
段速 4	1	0	0
段速 5	1	0	1
段速 6	1	1	0
段速 7	1	1	1

变频器多段速控制电路。输入控制端子 X1、X2、X3 作多速段选择端子,FWD 作电动机的起动控制端,RST 端为变频器复位端。

(1)电路组成。图 4-28 所示为变频器多段速手动控制电路。主电路由空气开关 QF、接触器 KM 的主触点、变频器及电动机 M 组成。

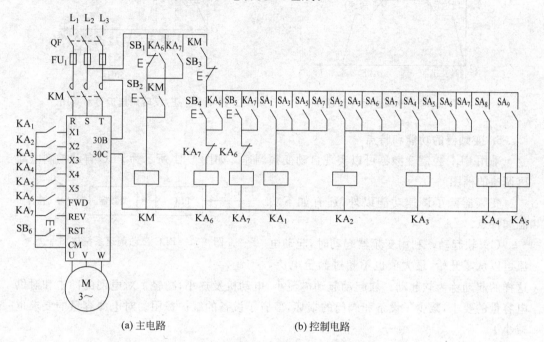

(a)主电路   (b)控制电路

图 4-28 变频器多段速手动控制电路

控制电路由按钮 SB$_1$、SB$_2$ 控制接触器 KM 的线圈,即控制变频器主电路的通断;按钮 SB$_3$、SB$_4$、SB$_5$ 作为变频器控制电动机的正/反转起停控制按钮;中间继电器 KA$_1$、KA$_2$、KA$_3$ 作变频器的多段速 X1、X2、X3 端子的输入控制信号;中间继电器 KA$_4$、KA$_5$ 作加/减速时间选择端子的输入控制信号;中间继电器 KA$_6$、KA$_7$ 作变频器正/反转指令输入端 FWD、REV 通断控制。SA$_1$、SA$_2$、SA$_3$、SA$_4$、SA$_5$、SA$_6$、SA$_7$ 作段速 1、2、3、4、5、6、7 的选择开关;SA$_8$、SA$_9$ 作加/减速时间选择开关。

按钮 SB$_6$ 用于控制变频器的复位端 RST;30B、30C 用于变频器的报警输入。

(2)工作原理。先合上空气开关 QF,将电源引入主电路和控制电路。起动主电路:按下起动按钮 SB$_2$,接触器 KM 线圈得电,触点动作,主触点 KM 闭合,变频器的主电路通电;辅助常开(动合)触点 KM 闭合自锁,为控制电路通电做准备。

如图 4-29 所示为手动电动机单向双速调速运行示意图。

按下起动按钮 SB$_4$,电动机正转起动;按下开关 SA$_1$,电动机以段速 1 低速运行;接着按下开关 SA$_4$,电动机以段速 4 运行;运行一段时间后,按下开关 SA$_1$,电动机降速,以段速 1 运行,

按下 SB$_3$ 电动机停止运行。

可以利用时间继电器按照时间控制原则控制调速过程。电动机运行如图 4-30 所示,

既有正/反转控制，又有调速运行，读者可自行设计电气控制电路。也可用 PLC 控制，采用 PLC 编程控制变频器调速更方便。

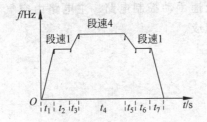

图 4-29 单向双速调速运行示意图

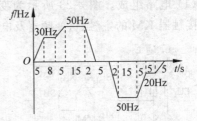

图 4-30 正/反转调速运行示意图

5. 变频器的功能和特点

采用 PLC 控制变频器可以实现自动变频调速。如图 4-31 所示为 PLC 自动控制电动机调速的框图。

变频器除了调速功能以外，还有如下功能和特点。

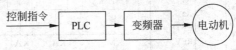

图 4-31 PLC 自动调速系统框图

（1）软起动。利用变频器起动时，起动电流可以从零开始，最大值也不超过额定电流，这样的起动称为软起动。软起动起动电流小，电动机发热小，减轻了对电网的冲击和对供电容量的要求，减少了设备和阀门的损坏，节省了设备的维护费用。对电源容量的要求也减小了。

（2）不用接触器可实现正/反转控制。

（3）可以快速准确起停电动机。变频器的加/减速时间可在 0.1～6500.0s 任意设定。运行时变频器可根据需要设定合适的加/减速时间。

（4）三相异步电动机的调速。通过改变三相异步电动机的输入电压和频率，就可以控制其转速。

（5）可进行高速运行。一般工频电源的频率是 50Hz，是固定不变的，而变频器的输出频率最高可以达到 650Hz（EH600A 系列）。EH600H 系列最高输出频率可达 1500Hz。

通用电动机只提高频率是无法实现高速化的，还必须考虑机械强度。高速时变频器载波频率高，变频器须降容。

（6）变频器调速可以节约电能。变频器节能主要表现在风机、水泵的应用上。对风机、泵类等设备，传统的调速方法是通过调节入口或出口的挡板、阀开度来调节给风量和给水量，为了保证生产的可靠性，各种生产机械在设计配用动力驱动时，都留有一定的余量，造成电能的浪费。使用变频调速时，如果流量要求减小，通过降低泵或风机的转速就可节约电能。

（7）功率因数补偿无功功率不但增加线损和设备的发热，更主要的是功率因数的降低导致电网有功功率的降低，大量的无功电能消耗在线路中，设备使用效率低下，造成严重浪费。由于变频器内部滤波电容可起到功率补偿的作用，所以使用变频调速装置可减少无功损耗。

(8) 可电动制动。由于在减速时可以将机械能在变频器内转换成电能,电动机将自动刹车。在接近零速时给电动机以直流制动,使电动机迅速停止。变频器只有20%的制动力。外加制动单元和制动电阻,可增加制动力。有内置制动单元的变频器只需外加制动电阻即可。

(9) 可用一台变频器对多台电动机进行调速控制。变频器额定电流应大于电动机总电流的1.1倍。注意,同一频率下因异步电动机特性和负载不同,转速也会不同,每台电动机应分别加热继电器进行过载保护。

(10) 可用于同步调速。当多台电动机组成电轴系统时,用变频器调速,可使系统稳定。

由于变频器有上述特点,故时常用于精度要求高、调速性能好、调速范围大的场合。如常用于控制风机、泵、搅拌机、离心泵、传送带、送料带、行走台车、升降装置、研削研磨机、印刷机、注塑机等。

4.4.3 变转差率调速

变转差率调速的方法有改变电压和改变定子、转子参数等。转子回路串电阻调速就是通过改变电动机转差率来调速的方法之一。绕线转子异步电动机的调速可采用在转子外电路上接入可变电阻,通过对可变电阻的调节,改变电动机机械特性斜率实现调速。

此方法只适用于绕线转子异步电动机。在一定的负载转矩下,异步电动机的转差率与转子电阻成正比,这里不做介绍了。

4.5 三相异步电动机的制动控制

三相交流异步电动机定子绕组脱离电源后,由于系统惯性作用,转子需经一段时间才能停止转动,这往往不能满足某些机械的工艺要求,影响生产效率,使运动部件停止的位置不准确,隐藏不安全因素,因此应对拖动电动机采取有效的措施使电动机迅速停车,这种措施称为制动。

所谓制动就是快速停车。常用的制动方法一般分为两大类:一是机械制动;二是电气制动。

机械制动是利用机械设备(如电磁抱闸)在电动机断电后,使电动机迅速停转;电气制动是利用制动电磁转矩与转速方向相反的原理,使电动机转速迅速下降到零。

常用的电气制动方法有反接制动和能耗制动。

4.5.1 机械制动

电动机切断电源之后,利用机械装置使电动机迅速停止转动的方法称为机械制动。常用的机械制动装置有电磁抱闸和电磁离合器两种。机械制动又分为断电制动和通电制动,它们的制动原理基本相同。这里仅介绍电磁抱闸断电制动。

1. 电路组成

电磁抱闸断电制动原理如图 4-32 所示。主电路由空气开关 QF、接触器 KM 的主触点、过载保护的检查元件和电动机 M 组成。

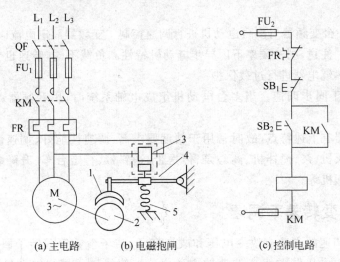

(a) 主电路　　　(b) 电磁抱闸　　　(c) 控制电路

图 4-32　电磁抱闸断电制动原理

1—闸瓦；2—闸轮；3—YB 电磁抱闸制动器；4—杠杆；5—弹簧

电磁抱闸主要由电磁铁和闸瓦制动器组成。电磁抱闸断电制动原理如图 4-32(b)所示。当电磁抱闸 YB 的线圈通电时，电磁铁吸合衔铁，克服弹簧的拉力，拉动杠杆，使闸瓦松开闸轮，电动机可正常运转。反之，当电磁抱闸 YB 的线圈失电时，衔铁与铁心分离，释放杠杆，杠杆在弹簧的拉力作用下，闸瓦与闸轮紧紧抱住，使电动机制动，迅速停转。

控制电路的按钮 SB₁、SB₂ 控制接触器 KM 的线圈得电与失电，即控制电动机的起停，可控制电动机单向连续运转。

2. 工作原理

先合上空气开关 QF，将电源引入主电路和控制电路。

起动时，按下起动按钮 SB₂，接触器 KM 的线圈得电，触点动作，其主触点 KM 闭合，主电路通电；其辅助常开(动合)触点 KM 闭合自锁，电磁抱闸 YB 的线圈通电，使闸瓦松开闸轮，电动机正常连续运行。

停车时，按下停车按钮 SB₁，接触器 KM 的线圈失电，触点恢复常态，其主触点 KM 断开，电磁抱闸 YB 的线圈失电，闸瓦紧紧抱住闸轮，使电动机迅速停转。

4.5.2　能耗制动

能耗制动是在三相电动机停车时，切断三相电源，同时将一直流电源接到定子绕组上，在定子空间产生恒定磁场。由于惯性，电动机的转子并不是马上停转，转子上闭合的导体切割恒定磁场的磁力线产生电磁转矩，这个电磁转矩的方向与转子转动的方向相反，与转动方向相反的电磁转矩称为制动转矩，制动转矩使电动机的转速迅速下降，使电动机停转。

所谓能耗制动,就是在电动机脱离三相电源后,由于惯性,电动机转子的转速并不是立即为零,这时给定子绕组加上直流电源,在定子空间产生一个恒定的磁场。利用转子与恒定磁场之间的相互作用,在转子上感生电流,将转子的动能通过制动电阻消耗掉。当转子的转速降至接近零时,再切除直流电源。图 4-33 所示为单向能耗制动的主电路和控制电路。

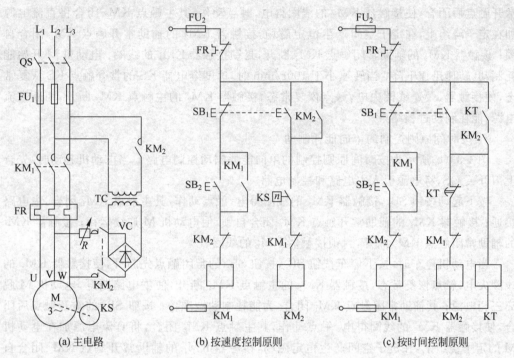

(a) 主电路   (b) 按速度控制原则   (c) 按时间控制原则

图 4-33 单向能耗制动的主电路和控制电路

1. 电路的组成

主电路由刀开关 QS,熔断器 FU_1、接触器 KM_1 的主触点,热继电器 FR 的检测元件 FR、电动机 M 及接触器 KM_2 的主触点、直流电源组成。由接触器 KM_2 将直流电源接入定子绕组。

控制电路由熔断器 FU_2、停止按钮 SB_1、起动按钮 SB_2 及接触器 KM_1 的线圈、接触器 KM_1 的辅助常开触点、热继电器 FR 的常闭触点、接触器 KM_2 和时间继电器、速度继电器等组成。停止按钮 SB_1 为复合按钮。图 4-33(b)所示为以速度控制原则的单向能耗制动的控制电路,图 4-33(c)所示为以时间控制原则的单向能耗制动的控制电路。

2. 工作原理

1) 按速度原则控制的单向能耗制动

图 4-33(b)所示为按速度原则控制的单向能耗制动控制电路。先合上刀开关 QS,将电源引入主电路和控制电路。

当电动机起动时,按下起动按钮 SB_2,接触器 KM_1 的线圈得电,触点动作,其主触点 KM_1 闭合,主电路接通,接触器 KM_1 的辅助常开触点 KM_1 闭合自锁,使电动机 M 连续运行；接触器 KM_1 的辅助常闭触点 KM_1 断开，封锁接触器 KM_2 线圈；当电动机的转速大于 $120r/min$ 时，速度继电器 KS 的常开触点 KS 闭合，为能耗制动做准备。

当电动机停车时，按下停车按钮 SB_1，按钮 SB_1 的常闭触点先断开，使接触器 KM_1 的线圈失电，触点恢复常态，接触器 KM_1 的主触点 KM_1 断开，使主电路断开，电动机 M 脱离三相电源；接触器 KM_1 的辅助常闭触点 KM_1 闭合，为能耗制动做准备；按钮 SB_1 的常开触点后闭合，使接触器 KM_2 的线圈得电，触点动作，其主触点 KM_2 闭合将直流电源加在定子绕组上，在定子空间产生恒定磁场，接触器 KM_2 的辅助常开触点 KM_2 闭合自锁；接触器 KM_2 的辅助常闭触点 KM_2 断开，封锁接触器 KM_1 的线圈；电动机 M 开始能耗制动，转速迅速下降；当转速小于 $100r/min$ 时，速度继电器 KS 的常开触点 KS 恢复常态，使接触器 KM_2 线圈失电，触点恢复常态，接触器 KM_2 的主触点 KM_2 断开，切断直流电源，能耗制动过程结束。

2）按时间原则控制的单向能耗制动

图 4-33(c)所示为按时间原则控制的单向能耗制动控制电路。当电动机起动时，先合上刀开关 QS，将电源引入主电路和控制电路。

按下起动按钮 SB_2，接触器 KM_1 的线圈得电，触点动作，其主触点 KM_1 闭合，主电路接通；接触器 KM_1 的辅助常开触点 KM_1 闭合自锁，使电动机 M 连续运行；接触器 KM_1 的辅助常闭触点 KM_1 断开，封锁接触器 KM_2 的线圈。

当电动机停车时，按下停车按钮 SB_1，按钮 SB_1 的常闭触点先断开，使接触器 KM_1 的线圈失电，触点恢复常态，接触器 KM_1 的主触点 KM_1 断开，使主电路断开，电动机 M 脱离三相电源；其辅助常闭触点 KM_1 闭合，为能耗制动做准备；按钮 SB_1 的常开触点后闭合，使接触器 KM_2 的线圈得电，触点动作，其主触点 KM_2 闭合，将直流电源加在电动机 M 的定子绕组上，在定子空间产生恒定磁场，接触器 KM_2 的辅助常开触点 KM_2 闭合自锁，电动机 M 开始能耗制动，转速迅速下降；接触器 KM_2 的辅助常闭触点 KM_2 断开，封锁接触器 KM_1；与接触器 KM_2 线圈并联的时间继电器 KT 的线圈同时得电，开始计时；时间继电器的瞬时触点和接触器 KM_2 的常开触点闭合自锁；当定时时间到，时间继电器 KT 的触点动作，延时断开的常闭触点 KT 断开，使接触器 KM_2 的线圈失电，触点恢复常态，接触器 KM_2 的主触点 KM_2 断开，切断直流电源，能耗制动过程结束。

3. 保护环节

为了保证控制系统安全可靠，有短路保护、过载保护、欠压和失压保护等保护环节。

能耗制动用于要求制动准确、负载转矩和转速平稳的电动机，如磨床、立式铣床等控制电路中。能耗制动方法的优点是制动准确、平稳、能量消耗较小；其缺点是需要直流电源、费用高、在低速时制动力矩小。

4.5.3 反接制动

反接制动是利用改变定子绕组中电源的相序，产生一个与转子惯性转动方向相反的转矩，这个与转子转向相反的转矩称为制动转矩，可使电动机转速迅速降低。这种制动方法称为反接制动。

反接制动时，首先将三相电源相序切换，然后在电动机转速接近零时，将电源及时切除。若三相电源不能及时切除,则电动机将会反向升速,发生反转,造成事故。控制电路采用速度继电器来判断电动机的零速点并及时切断三相电源,这种由速度继电器控制电路自动切换的控制原则称为速度控制原则。

1. 单向反接制动

1) 电路组成

主电路由刀开关 QS、熔断器 FU_1、接触器 KM_1、KM_2 的主触点、热继电器 FR 的检测元件 FR、电动机 M 等组成。其中,接触器 KM_1、KM_2 的主触点构成两组不同相序的接线,速度继电器 KS 的转子与电动机的轴相连,如图 4-34(a)所示。

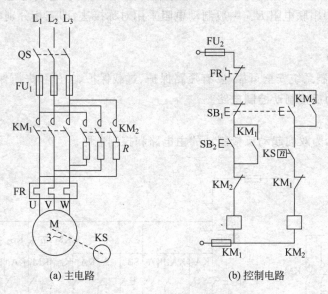

(a) 主电路 (b) 控制电路

图 4-34 单向反接制动控制电路

控制电路由熔断器 FU_2、停止按钮 SB_1、起动按钮 SB_2 及接触器 KM_1、KM_2 的线圈、接触器 KM_1、KM_2 的辅助常开触点、热继电器 FR 的常闭触点、接触器 KM_2 和时间继电器、速度继电器 KS 的常开触点等组成。停止按钮 SB_1 为复合按钮。图 4-34(b)所示为以速度原则控制的单向反接制动控制电路。

2) 工作原理

当电动机起动时,先合上刀开关 QS,将电源引入主电路和控制电路。

按下起动按钮 SB_2,接触器 KM_1 的线圈得电,触点动作,其主触点 KM_1 闭合,主电路接通,接触器 KM_1 的辅助常开触点 KM_1 闭合自锁,使电动机 M 连续运行;接触器 KM_1 的辅助常闭触点 KM_1 断开,封锁接触器 KM_2 线圈;当电动机的转速大于 $120r/min$ 后,速度继电器 KS 的常开触点 KS 闭合,在电动机稳定运转时一直保持闭合状态,为反接制动做准备。

当电动机停车时,按下停车按钮 SB_1,按钮 SB_1 的常闭触点先断开,使接触器 KM_1 的线圈失电,触点恢复常态,接触器 KM_1 的主触点 KM_1 断开,使主电路断开,电动机 M 脱离正相序的三相电源;接触器 KM_1 的辅助常闭触点 KM_1 闭合,为反接制动做准备;按钮 SB_1 的常开触点后闭合,使接触器 KM_2 的线圈得电,触点动作,主触点 KM_2 闭合改变了三相电源的相序,并串入限流电阻 R,在定子空间产生与转子转向相反的旋转磁场,接触器 KM_2 的辅助常开触点 KM_2 闭合自锁;接触器 KM_2 的辅助常闭触点 KM_2 断开,封锁接触器 KM_1 的线圈;电动机 M 开始反接制动,使转速迅速下降;当转速小于 100r/min 时,速度继电器 KS 的常开触点 KS 恢复常态,使接触器 KM_2 线圈失电,触点恢复常态,接触器 KM_2 的主触点 KM_2 断开,切断电源,反接制动过程结束。

在反接制动时,旋转磁场与转子的相对速度很高,感应电动势很大,所以转子电流比直接起动时的电流还大,电动机定子绕组流过反接制动电流相当于全电压直接起动时电流的两倍,一般为电动机额定电流的 10 倍左右,为了限制制动电流对电动机转轴的机械冲击力,在电路中串联电阻 R。一般制动电阻采用对称接法,即三相分别串接相同的制动电阻。

3)保护环节

为了保证控制系统安全可靠,要有短路保护、过载保护、欠压和失压保护等保护环节。

2. 双向起动反接制动控制电路。

1)电路组成

图 4-35 所示为双向起动反接制动的主电路和控制电路。

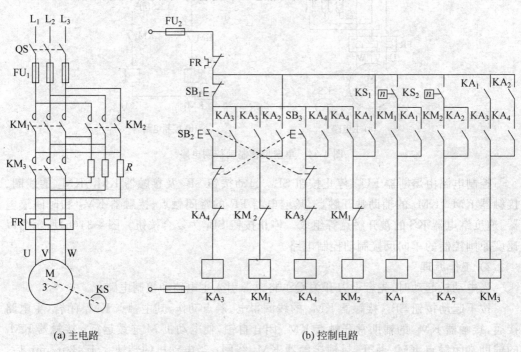

(a) 主电路   (b) 控制电路

图 4-35 双向起动反接制动控制电路

主电路由刀开关 QS、熔断器 FU_1、接触器 KM_1、KM_2、KM_3 的主触点、热继电器 FR 的检测元件 FR、电动机 M 等组成。其中,接触器 KM_1、KM_2 的主触点构成正/反转两组不同相序的接线,用于控制电动机的正/反转;接触器 KM_3 用于短接反接制动电阻,R 既是反接制动电阻,又起限流作用;速度继电器 KS 的转子与电动机的轴相连,用于检测电动机的转速。主电路如图 4-35(a)所示。

控制电路由熔断器 FU_2、停止按钮 SB_1、起动按钮 SB_2 及接触器 KM_1、KM_2、KM_3 的线圈、接触器 KM_1、KM_2 的辅助常开触点、热继电器 FR 的常闭触点和时间继电器 KT、速度继电器 KS 的常开触点等组成，KA_1、KA_2、KA_3 为中间继电器，KS_1 和 KS_2 分别为速度继电器 KS 的正转和反转常开触点。停止按钮 SB_1 为复合按钮。图 4-35(b) 为以速度原则控制的单向反接制动控制电路。

2) 工作原理

先合上刀开关 QS，将电源引入主电路和控制电路。当电动机起动时，按下正转起动按钮 SB_2，中间继电器 KA_3 的线圈得电并自锁，其常闭触点 KA_3 断开，封锁中间继电器 KA_4 的线圈；中间继电器 KA_3 常开触点 KA_3 闭合，接触器 KM_1 的线圈得电，触点动作，其主触点 KM_1 闭合，电动机串电阻 R 降压起动。当电动机转速达到一定值（>120r/min）时，速度继电器 KS 的常开触点 KS_1 闭合，中间继电器 KA_1 得电并自锁。这时由于中间继电器 KA_1、KA_3 的常开触点 KA_1、KA_3 闭合，接触器 KM_3 的线圈得电，触点动作，其主触点 KM_3 闭合，电阻 R 被短接，定子绕组直接加额定电压，电动机 M 正常运行。

反接制动：在电动机正常运转过程中，若按下停止按钮 SB_1，则中间继电器 KA_3 和接触器 KM_1、KM_3 的线圈相继失电，由于惯性，转子的转速并不会立即降为零，速度继电器 KS 的常开触点 KS_1 仍处于闭合状态，中间继电器 KA_1 的线圈仍处于得电状态，所以在接触器 KM_1 常闭触点 KM_1 复位后，使接触器 KM_2 的线圈得电，其常开触点 KM_2 闭合，使定子绕组经电阻 R 获得反相序三相交流电源，电动机 M 进行反接制动，转速迅速下降；当电动机转速低于速度继电器 KS 动作值（<120r/min）时，速度继电器常开触点 KS_1 复位，中间继电器 KA_1 的线圈失电，触点恢复常态，使接触器 KM_2 的线圈失电，其触点 KM_2 释放，电动机 M 脱离电源，反接制动结束。

电动机反向起动和制动停车过程与正转时相同，请读者自己分析。

反接制动适用于生产机械要求迅速停车和迅速反向的场合。反接制动的优点是制动力强，制动时间短；缺点是能量损耗大，制动时冲击力大，制动准确度差。但是采用以转速为变化参量，用速度继电器检测转速信号，能够准确地反映转速，不受外界干扰，制动效果较好。

思考与练习题

1. 电动机点动控制与连续控制的区别是什么？

2. 电动机正/反转电路中的电气互锁与按钮互锁有何区别？只有按钮互锁安全可靠吗？为什么？

3. 电动机的起动电流很大，当电动机起动时，热继电器是否会动作？为什么？

4. 控制电路中常用的保护环节有哪些？

5. 设计两台电动机控制电路。要求同时起动，可以分别停车。

6. 试画出两台电动机顺序控制的控制电路图。

控制要求：起动时，M_1 起动后 M_2 才能起动，停止时，必须 M_2 停止后 M_1 才能停车。

7. 设计一个三台三相异步电动机控制电路。

控制要求：M_1 先起动，经 10s 后 M_2 自行起动，运行 20s 后 M_1 停止并同时使 M_3 自行起动，再运行 20s 后电动机全部停止运行。

8. 设计一个运料小车的控制电路，绘出电气原理图。

控制要求：①小车从原位开始前进，到料位口停止；②料口放料 35s 后停止，停止放料后小车返回原位；③在前进或返回途中任意位置都能停止或再起动。

9. 设计一桥式吊车的电气控制系统，桥式吊车有三台三相异步电动机（鼠笼式），控制吊车前进后退、左右移动及吊钩的上升和下降。

控制要求：①3 台电动机能正常起停，并能点动工作；②在升降过程中，不允许吊车前进后退及左右移动；③有保护环节。

设计要求：画出该控制系统的电气原理图。

电气控制系统的分析与设计

掌握电气控制系统的分析方法,具有读图能力是电气工程技术人员必须具备的职业技能。通过前几章的学习,我们已经掌握了常见低压电器的结构和原理、典型电气控制系统的电路组成及工作原理,并积累了一些电气控制技术的基础知识。本节介绍电气控制系统的分析方法和分析内容,帮助学习者进一步提高电气控制系统的分析能力和识图能力;利用分析设计法进行电气控制系统的设计。

5.1 电气控制系统分析内容和步骤

明确电气控制系统的分析内容,正确分析控制系统的工作原理。

5.1.1 电气控制系统分析的内容

电气控制系统分析的内容包括了解系统的组成、系统的工作原理、系统功能和特点。

1. 系统组成

(1)认真阅读系统说明书,了解系统的技术指标。

(2)了解系统中机械部件和电器规格型号。

(3)了解各部件的安装位置。

2. 系统的工作原理

(1)电气系统中各个电气元件的用途和状态。

(2)主电路的工作原理。

(3)辅助电路中控制电路、信号电路、照明电路等的工作原理。

(4)安全环节保护的内容、连锁环节的作用。

3. 系统功能和特点

通过对系统各部分工作原理的阅读,分析系统的工作特点,总结系统的功能。

5.1.2 电气原理图的分析方法

电气原理图的分析方法为读图分析法和查线分析法。

（1）读图分析法是根据电气控制系统的电路图，按照分析步骤进行读图，读出电路图各部分的特点后，总结归纳出控制系统的功能。

（2）查线分析法是根据电气控制系统的实际装置，通过查线确定各个电气元件在电路中所处位置的作用及其功能，分析出实际装置中的主电路、控制电路、照明电路和信号电路的工作特点，然后总结归纳出系统的功能。

5.1.3 电气原理图的分析步骤

电气原理图的分析步骤为分清主辅、分部分析、总结特点、总结功能。

1. 分清主辅

对于电气控制系统图的电路原理图，按照图纸上图幅的分布区域，从上到下，从左到右逐个区域来读图，分清主电路和辅助电路，同时分清辅助电路中的信号电路和照明电路。

2. 分部分析

（1）分析主电路。从上到下识别主电路的组成，识别电气元件的图形符号和文字符号，了解各个电气元件的结构和功能，分析主电路的工作原理。

（2）分析控制电路。识别控制电路中电气元件的图形符号和文字符号，对于展开画法的电气元件，要明确控制电路中和主电路中同一电气元件的不同部分。分析控制电路的工作原理时要注意同一电气元件在动作时，在主电路和控制电路中所起的通电和分断的控制作用及完成的控制功能。

（3）分析信号电路。识别信号电路中电气元件的图形符号和文字符号，分清信号输出电气元件及其作用。

（4）分析照明电路。识别照明电路中电源的输入与输出、电压的等级，明确照明器件。

3. 总结特点

根据上述各个部分的工作原理，确定各部分的工作特点。

4. 总结功能

根据各个部分的工作特点，综合系统总体的工作特点，总结归纳出系统的功能。

请用上述方法分析第4章的电气原理图。

5.2 电气控制系统设计的一般原则和基本内容

5.2.1 电气控制系统设计的一般原则

电气控制系统设计的一般原则如下。

（1）应最大限度的满足生产机械和生产工艺对电气控制系统的要求。

（2）设计方案合理，力求控制线路简单、经济。

（3）机械设计与电气设计要相互配合。

（4）确保控制系统工作安全可靠，应具有必要的安全保护环节和连锁环节，具有容错能力，保证系统的安全和可靠，当误操作时不会引起事故。

5.2.2 电气控制系统设计的基本内容

电气控制系统的设计包含两个基本内容：电气控制系统的原理设计和电气控制系统的工艺设计。

1. 电气控制系统原理设计的内容

(1) 分析系统控制要求，拟订电气控制系统设计任务书。

(2) 设计电气控制系统的原理图框图。

(3) 确定电力拖动方案，选择电动机。

(4) 设计各部分的电路原理图。

(5) 计算主要技术参数，选择电气元件，并列出元件明细表。

(6) 编制电气控制系统设计说明书。

2. 电气控制系统工艺设计的内容

(1) 设计电气控制系统布置图和接线图。

(2) 设计组件布置图和接线图。

(3) 设计电气箱或电气柜、操作台。

(4) 编制使用维护说明书。

5.3 电气控制原理电路设计的方法与步骤

进行电气控制系统设计应熟练掌握典型环节控制电路，对一般电气控制电路应具有一定的分析能力，能举一反三，能对被控的生产机械进行电气控制系统的设计，并编制一套完整的电气控制系统技术说明书。

5.3.1 电气控制原理电路的设计方法

电气控制原理电路的基本设计方法有两种：分析(经验)设计法和逻辑设计法。

1. 分析(经验)设计法

分析(经验)设计法是从生产工艺需要出发，按照电气控制系统的控制要求，利用各种基本控制电路和基本控制原则，借鉴典型的控制线路，把它们组合起来形成一个整体，或加上必要的联锁或互锁来完善功能，从而达到满足生产工艺和控制系统功能的要求。

分析(经验)设计法的特点是设计方法简单，无固定的设计程序，设计人员需要掌握一定的电气控制系统的基本控制电路，设计方案不一定是最佳方案，需要反复审核、调试，发现问题及时解决，直到满足控制要求。

这种方法适合有一定电气控制技术知识的人员。

2. 逻辑设计法

逻辑设计法是利用逻辑代数来设计电气控制电路，同时也可以用于电路的化简。

将电气控制系统在接触器和继电器线圈的通电和失电、触点的闭合或断开作为逻辑变量，线圈的通电状态和触点的闭合状态设定为 1 态；线圈的失电状态和触点的断开状态设定为 0 态。以被控制的线圈作为输出变量，触点作为输入变量，根据控制要求将这些逻辑变量列出输出与输入的逻辑函数关系式,然后运用逻辑函数基本公式和运算规律或卡诺图对逻辑函数式进行化简,根据化简的函数式画出电气原理图,检查后再完善,就可以得到所需要的电气原理图。

这种方法的特点是能获得理想、经济的设计方案,但这种方法设计难度较大,设计过程复杂,需要设计人员具有逻辑设计的知识。

5.3.2　电气原理图设计中的一般要求

1. 电气控制原理应满足控制要求

设计前要对生产工艺及控制系统结构和工作性能进行充分了解,然后确定控制方式,满足起动、制动和调速等功能要求。

2. 系统的方案要合理,确保电气控制电路的可靠性

选择控制方案要保证控制系统工作可靠,在设计和安装时要注意以下几点。

(1) 要使电气元件配合协调,工作稳定,符合使用环境条件。

(2) 电气元件的线圈和触头的连接要符合国家的有关规定。

3. 应具有必要的保护环节,确保系统的安全性

控制系统在运行时要保证安全,一旦出现故障时应能保证操作人员和电气设备的安全,并能有效地阻止事故的扩大。因此,在控制电路中要采取一定的保护措施,对可预见的故障进行安全防护,如短路、过载、过流、欠流、过压、失压等故障,采用相应的低压电器做保护,或加联锁、行程开关等安全保护,还可以设置状态的信号显示,对故障信号进行报警。

4. 控制电路力求措施简单、经济

控制系统在满足控制要求的同时,其电路应力求简单,减少电气元件和连接线路的数量,还要在设计中将不必要运行的电气元件线圈失电,减少能量损耗,降低运行成本。

5. 操作、维修要方便

控制系统的设计应为操作者和维护人员着想,应当操作简单,维护方便。

5.3.3　电气原理图设计的基本步骤

(1) 设计系统的原理框图。

(2) 设计各部分的具体电路原理图。

(3) 绘制总原理图。

(4) 选择电气元件,并列出元件明细表。

5.3.4　电气控制系统设计时应注意的问题

(1) 电气元件的线圈可以并联,但不能串联,如图 5-1 所示。线圈串联可能使每个串联的线圈上的电压不能达到额定电压,造成其触点误动作。

(2) 不同电器线圈的一端应接在电源的同一端,如图 5-2 所示。

将电气元件线圈的一端接在电源的同一端,所有触

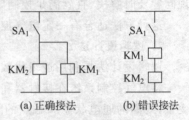

(a) 正确接法　　(b) 错误接法

图 5-1　线圈的接法 1

点在电源的另一端,这样可以避免当某一个电气元件的触点发生短路故障时造成电源短路,同时方便安装时接线。

(3) 应简化电路,减少触点,如图 5-3 所示。合并同类触点,减少触点,简化电路。

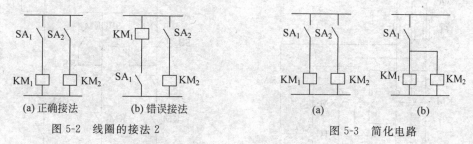

图 5-2 线圈的接法 2 　　　　　　　　　图 5-3 简化电路

(4) 应合理安排电气元件位置,尽量减少连接导线的长度和数量,如图 5-4 所示。

(5) 在控制电路中应避免出现寄生电路,如图 5-5 所示。寄生电路使热继电器的常闭触点 FR 在电动机过热断开时,接触器 KM 并不能释放,无法起到保护作用。

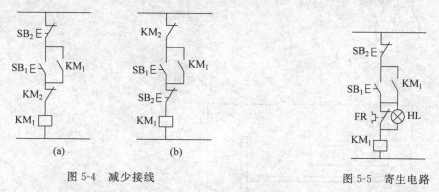

图 5-4 减少接线 　　　　　　　　　图 5-5 寄生电路

(6) 应尽量减少电器不必要的通电时间。可以节约电能,同时也可以增加电气元件的寿命。

5.4 设计实例

例 5-1 设计一个控制系统,控制一台电动机正/反转,停车时采用能耗制动。

设计要求:①设计电路原理图;②绘出电气位置图(草图);③列出元件表。

(1) 用分析(经验)法设计电路原理图。

根据控制要求,选择典型电路电动机正/反转控制电路和能耗制动电路,将其组合,实现控制要求,电路原理图如图 5-6 所示。

(2) 设计电路布置图,如图 5-7 所示。

根据实际负载选择电动机,进行参数计算后,选择电气元件的型号和规格,然后根据元件的规格确定控制柜或控制箱的尺寸,按比例绘出电气元件布置图,如图 5-7 所示。

主令电器按钮可根据需要设计成如图 5-8 所示的三钮操作盒,也可设计成操作台。

(3) 列出电气元件表,见表 5-1。型号和规格需按照具体负载确定。

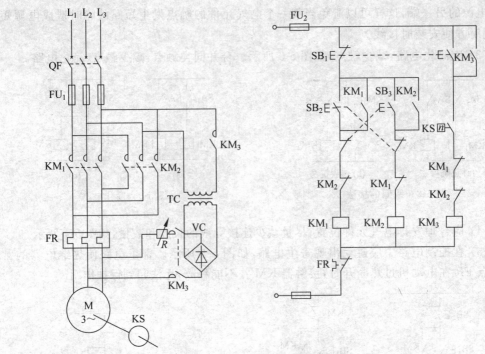

图 5-6　电路原理图

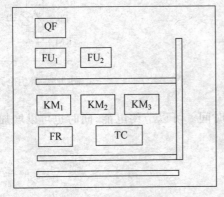

图 5-7　电气布置图

图 5-8　三钮操作盒

表 5-1　电气元件表

序号	符　号	名　称	型号	规格	数量
1	QF	断路器			1
2	FU$_1$	熔断器			1
3	FU$_2$	熔断器			1
4	KM$_1$、KM$_2$、KM$_3$	交流接触器			3
5	FR	热继电器			1
6	TC	变压器			1
7	SB	按钮		红、绿、黑	3
8	M	异步电动机			

例 5-2 设计一个控制装置,要求能在两地控制一台电动机正/反转。

设计要求:绘制电路原理图。

设计:用分析(经验)法设计电路原理图。

根据控制要求,选择典型电路电动机正/反转控制电路和两地控制电路,将其组合实现控制要求,电路原理图如图 5-9 所示。

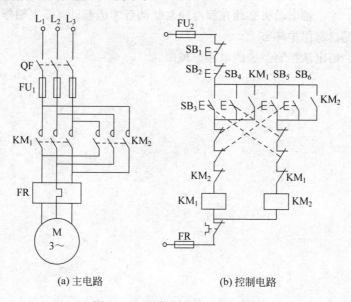

(a) 主电路　　　　　　　　　　(b) 控制电路

图 5-9　两地控制电动机正/反转

思考与练习题

1. 电气控制系统的设计原则及设计内容是什么?

2. 简述电气控制系统的设计步骤。

3. 分析(经验)设计法和逻辑设计法有何区别?

4. 电气控制系统原理图设计应满足哪些要求?

5. 电气控制系统设计时,所选用的接触器应满足哪些要求?

6. 设计控制三台电动机顺序起动的控制系统。

控制要求:①第一台电动机起动 5s 后,第二台电动机自行起动;②第二台电动机起动 10s 后,第三台电动机自行起动;③第三台电动机停车 8s 后,第一和第二台电动机同时停车。

设计要求:①画出控制系统的主电路和控制电路;②列出元件表;③绘制布置图(草图)。

7. 设计控制一台电动机的控制系统。

控制要求:①能正反转;②停车时采用能耗制动。

设计要求:绘制控制系统的电路原理图。

8. 设计控制一台电动机的控制系统。

控制要求：①起动时采用Y-△降压起动；②停车时采用能耗制动。

设计要求：绘制控制系统的电路原理图。

9. 试分析图 4-35 所示电路图的工作原理。

10. 设计一台机床的电气控制系统，有主轴电动机和润滑油泵电动机。

控制要求：①主轴电动机必须在润滑油泵起动后才能起动；②主轴停止后才允许润滑油泵停止；③具有保护环节。

设计要求：画出该控制系统的电路原理图。

可编程控制器的工作原理

可编程控制器(Programmable Controller)简称 PLC,是专门为工业环境设计的工业用计算机,是适用于工业现场的控制器,能与工业现场的电气设备直接相连。可编程控制器源于继电器-接触器控制装置,但它不像继电器装置那样,通过电路的物理过程实现控制,而主要靠运行存储于 PLC 内部存储器中的程序,进行输入/输出信息的变换来实现控制,即用计算机代替控制盘或控制柜,用程序代替电器接线,并且易于扩展。

可编程控制器产生以前,在工业控制领域中占主导地位的是继电器和接触器。自动控制系统中通常采用手动和自动的电子器件,用连接导线将这些元器件按照一定的工作程序组合在一起实现控制目的,控制核心是用导线连接的接触器和继电器。可编程控制器诞生后,由于它的特点和功能,从而结束了继电器和接触器在控制领域的主导地位,取而代之地成为当代工业控制领域的主要控制器。可编程控制器是目前控制领域最广泛使用的控制器。随着电子技术的飞速发展,可编程控制器的功能也不断完善。

可编程控制器的功能有:

(1) 控制功能。

(2) 定时和计数功能。

(3) 数据运算和数据处理功能。

(4) 通信联网功能。

(5) 编程、调试功能。

由于可编程控制器功能强,应用广泛,所以生产的厂家也很多,种类也很多,这里介绍通用的可编程控制器组成和工作原理。

6.1 PLC 控制系统的组成

以可编程控制器 PLC 为核心的自动控制系统或自动控制装置,通常称 PLC 控制系统。

PLC 控制系统包括硬件系统和软件系统两大部分。其中可编程控制器是控制系统的核心部分。

6.1.1　PLC 控制系统的硬件系统

PLC 控制系统的硬件系统由四部分组成：可编程控制器（主机）；输入/输出设备；外部设备；输入/输出（I/O）扩展模块，如图 6-1 所示。

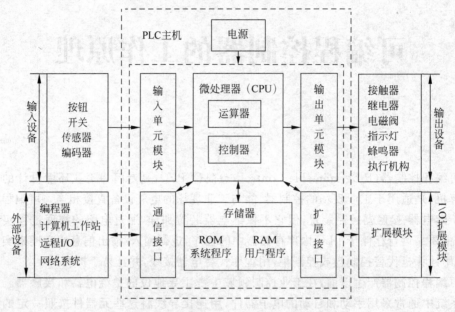

图 6-1　PLC 控制系统的硬件系统

1. 可编程控制器（主机）

可编程控制器是 PLC 控制系统硬件系统的核心，如图 6-1 中虚线框中的部分，又是整个控制系统的核心，因此称为主机。作用是对整个控制系统的各个部分进行管理，包括对输入信号进行采样、数据运算、加工、处理，并输出控制信号。它由微处理器单元（CPU）、存储器、输入单元模块、输出单元模块、通信接口、I/O 扩展接口和电源等部分组成。

2. 输入/输出设备

（1）输入设备：将手动或来自于现场的控制信号（数字量或模拟量）通过输入单元模块送给 PLC（主机）的 CPU。

常用的输入设备有按钮、开关（手动开关、限位开关、数字开关）、传感器、编码器等。

（2）输出设备：经 CPU 处理后的输出信号（数字量或模拟量），通过输出单元模块输出给被控制的对象。

常用的输出设备有接触器、继电器、电磁阀、指示灯、蜂鸣器及执行机构等。

3. 外部设备

外部设备的作用是将用户程序输入到 PLC 的存储器中，还可以修改用户程序、监视 PLC 的工作状态，并可以将 PLC 存储器中的用户程序输出到磁盘、磁带、存储卡等存储设备中保存，也可用显示器显示或用打印机打印出来。

常用的外设有：编程器、彩色图形显示器、打印机、存储器卡、盒式磁带机或磁盘驱动器、计算机工作站、远程 I/O 和网络系统等。

4. 扩展模块

扩展模块是 PLC 输入/输出单元模块的扩展部件。当用户所需的输入/输出点数或类型超出 PLC 主机的输入/输出单元模块所允许的点数或类型时,可以通过加接输入/输出扩展模块来解决。PLC 的生产厂家提供了许多具有方便功能的扩展模块,用户可以根据实际应用选择合适的模块。当任务规模扩大并且愈加复杂时,可随时使用附加模块对 PLC 进行扩展。

输入/输出扩展模块与 PLC 主机的输入/输出扩展接口相连。有两种类型:简单型和智能型。

6.1.2 PLC 控制系统的软件系统

PLC 控制系统除了硬件系统外,还有软件系统。硬件是基础,软件是灵魂,它们相辅相成,缺一不可,共同构成 PLC 控制系统。

PLC 的软件系统包括系统程序和用户程序两部分。系统程序由 PLC 的生产厂家开发研制,固化在 PROM 或 EPROM 中,安装在 PLC 上,随产品提供给用户。用户程序是根据生产过程的控制要求,由用户自行设计编制的应用程序,又称应用软件。

6.2 可编程序控制器的工作原理

PLC 是一种用于工业控制的专用计算机。由于它的输入/输出电路有别于通用计算机,PLC 要考虑信息输入/输出的可靠性、实时性以及信息的使用等问题。特别要考虑如何适应工业环境,如便于安装、抗干扰等问题。因而它的输入(INPUT)及输出(OUTPUT)电路,即 I/O 电路,都是专门设计的。输入电路要对输入信号进行滤波,以去掉高频干扰。而且与内部计算机电路是电隔离的,靠光电耦合元件建立联系。输出电路内外也是电隔离的,靠光电耦合元件或输出继电器建立联系。输出电路还要进行功率放大,足以带动一般的工业控制元器件,如电磁阀、接触器、指示灯等。所以其工作原理也就有别于通用计算机。

6.2.1 可编程控制器的基本概念

(1) 扫描。CPU 连续执行用户程序和任务的循环序列称为扫描。

(2) 扫描周期。执行一遍用户程序的一个扫描过程称为扫描周期。

(3) 扫描时间。每个扫描周期所用的时间称为扫描时间,又称扫描周期。

(4) PLC 工作方式为循环扫描。PLC 采用循环扫描,在一个扫描周期内,前面执行的任务结果立即就可被后面执行的任务所用。可以通过设定一个监视定时器来监视每个扫描周期的时间是否超过规定值,避免某个任务进入死循环而引起故障,从而提高系统可靠性。

6.2.2 可编程控制器的等效

不论是整体式的可编程控制器,还是模块式的可编程控制器都可以等效为三部分,包括输入部分、中间部分和输出部分,如图 6-2 所示。

(1) 输入部分是输入单元模块,由输入点(输入接线端子)和输入软继电器组成。用于连接输入设备,如按钮、开关或传感器等。

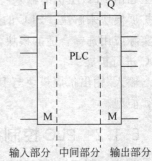

(2) 输出部分是输出单元模块,由输出继电器的动合触点、输出接线端子组成。用于连接输出设备,如接触器、继电器、蜂鸣器、指示灯及执行机构等,是系统的执行部分,是用执行用户程序得到的相应输出信号去控制输出负载的回路。

输入部分　中间部分　输出部分

图 6-2　可编程控制器的等效图

(3) 中间部分包括 PLC 的 CPU 和存储器等,用于存储用户程序、执行用户程序,对输入信号和输出信号的状态进行检测、判断、运算和处理,然后得到相应的中间结果或输出信号。

6.2.3 可编程控制器的工作过程

PLC 运行时,CPU 对用户程序总是按固定顺序不断循环扫描,周而复始地进行查询、判断和执行,直到 CPU 处于 STOP 状态为止。扫描过程的顺序:从左到右,从上到下。

对输入/输出信号采用周期性集中采样、集中处理信号、集中输出的方式。PLC 系统程序一个扫描周期可以分为 4 个阶段:自检、输入采样、执行用户程序和输出刷新。

自检→输入采样→执行用户程序→输出刷新→输入采样→执行用户程序→输出刷新……不停地循环进行着三个集中批处理,直到 CPU 处于 STOP 状态,如图 6-3 所示。

1. 自检

自检包括 PLC 自检和监控,执行来自外设(如编程器)的命令,对警戒时钟(又称监视定时器或看门狗定时器 WDT)清零等。

2. 输入采样(读输入)

CPU 扫描读取输入点(即输入接线端子)的状态(通或断),然后写到 PLC 存储器中的输入存储区(I)的过程,称为输入采样。

输入点与外部输入设备及电源构成输入回路,如图 6-4 所示。在这个阶段,系统程序时刻监视着输入点(即输入接线端子)上来自于现场的过程信号的状态,PLC 的系统程序按顺序逐个对输入端子上的信号状态(通或断)进行采样,将这些信号读入后,存放在 PLC 的存储器专门开辟的存放输入状态的存储区,像照镜子一样把输入端子的状态映射输入存储区,因此这个区域又称为输入状态映像区(I)。输入状态映像区(I)包含了若干输入状态寄存器,它的多少随 CPU 类型的不同而不同。每一输入点(即输入接线端子)都有一个输入状态寄存器与之对应。这个区的每一位(bit)寄存器称之为输入继电器。由于它的状态是通过对输入模块的输入点(即输入接线端子)不断循环扫描得到的,所以,它反映的就是现场过程信号的状态。输入点(即输入接线端子)与计算机内存间交换信息

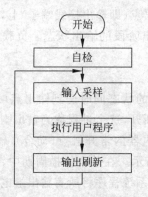

图 6-3 一个扫描周期分为 4 个阶段

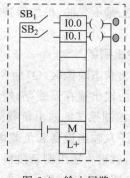

图 6-4 输入回路

是通过计算机总线,并主要由运行系统程序实现。

3. 执行用户程序

用户程序是由用户根据控制要求编制的程序,存放在存储器的工作存储区(RAM)中。PLC 在每个扫描周期内都要把用户程序按固定顺序执行一遍。PLC 按照程序中指令的顺序依次扫描,扫描顺序是从左到右、自上而下逐行扫描,所有信号状态从输入状态映像区(I)、位存储区(M)和输出状态映像区(Q)等存储区中读取。每扫描到一条指令,将执行指令的结果中有关输出信号的状态写入 PLC 存储器中的输出状态存储区中,即输出存储区,由于这个区反映了输出端子的状态,所以这个区域又称为输出状态映像区(Q)。其他中间运算结果存放在相应的存储区中,如位存储区(M)、定时器(T)、计数器(C)等,这样中间运算结果可以被后面扫描的指令利用。

输出状态映像区(Q)包含了若干个存储输出状态的输出状态寄存器,它们相当于输出继电器,输出状态寄存器与输出点(即输出接线端子)也是一一对应的。它们的多少随 CPU 类型的不同而有所不同。位存储区(M)中的寄存器相当于中间继电器。输出继电器的作用就是一个只有常开触点(动合)的开关,当输出继电器的线圈得电时,触点动作,它的常开触点闭合,将输出负载回路接通;当输出继电器的线圈失电时,触点恢复原态,它的常开触点断开,使输出负载回路断开。输出负载所需电源由用户单独提供,如图 6-5 所示。

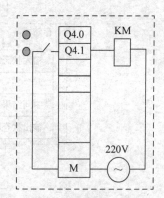

图 6-5 PLC 控制系统的输出负载回路

在执行用户程序的阶段,输入点上外部输入信号状态的变化不影响输入状态映像区(I)中的各个信号状态,信号状态保持不变,若这个阶段中输入点(即输入接线端子)的状态有变化只有等到下一个扫描周期的输入采样阶段才能被读取。而在执行 PLC 循环扫描用户程序时,不断地从输入状态映像区(I)和输出状态映像区(Q)中及其他存储区中读取所需要的输入/输出信号的状态和中间运算结果,而输出状态映像区(Q)中信号的状态随运算结果改变而改变。在输出刷新阶段,送到输出负载上的只有最后一次运算的结果。

执行用户程序的阶段,输出信号并没有送到输出点(即输出接线端子)上,因此输出端子上的状态是不变的,仍然保持前一个扫描周期输出阶段的输出状态。负载的状态也保持不变。

4. 输出刷新

将输出状态映像区(Q)中各个输出状态寄存器的状态同时送到输出点(即输出接线端子),并由输出锁存器锁存,控制负载回路接通或断开,这个过程称为输出刷新。

PLC控制系统的输出负载回路由PLC输出继电器的常开触点(动合)、输出点(即输出接线端子)、输出设备和负载电源构成,如图6-5所示。在一个扫描周期中,当执行完用户程序后,就进入输出刷新阶段。在输出刷新阶段,系统程序将所有输出继电器的状态送到输出点(即输出接线端子),并由输出锁存器锁存,控制输出负载回路接通或断开,如接触器、指示灯、电磁阀等回路,保持一个扫描周期。

输出主要也是由运行系统程序实现的,系统的全部控制功能都是在这一阶段中实现的。

6.2.4　PLC控制系统的工作原理

PLC的工作方式是循环扫描方式,所以其输入/输出过程是定时进行的,即在每个扫描周期内只进行一次输入和输出操作。一个扫描周期内PLC对输入/输出的操作规则如图6-6所示。

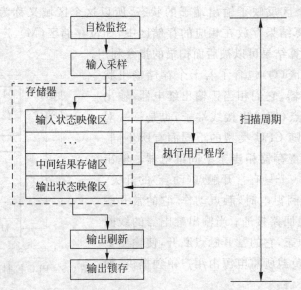

图6-6　一个扫描周期内输入/输出操作过程

在进行输入采样时,首先起动输入单元模块,把现场信号转换成数字信号后全部读入,然后进行数字滤波、电平转换等处理,最后把有效值放入输入状态映像区;在进行输出操作时,首先把输出状态映像区中的信号全部送给输出单元模块,然后进行传送正确性检查,最后起动输出单元模块把数字信号转换成现场信号输出到执行机构所在的输出负载回路。

用户程序要处理的输入信号是输入状态映像区(I)的信号,而不是实际的信号。运算处理后的输出信号被放入输出状态映像区(Q)中,也不是直接输出到输出设备上。

由于 PLC 工作方式是循环扫描,所以 PLC 的工作原理与计算机的工作原理是有区别的。它通过执行用户程序将输入信号转换成输出信号实现控制任务。在某一个扫描周期中,一些输入变量可能有变化,而有些输入变量可能没有变化;同样,有些输出变量有变化,而有些输出变量没有变化。PLC 不断对输入和输出变量进行采样和输出,就可将变量的变化及时反映到输出,并使相应的执行机构动作。

PLC 控制与继电器-接触器控制也是不同的。在时间上,由于 PLC 的工作方式是循环扫描,因此 PLC 执行任务是串行的,而继电器控制系统中的控制任务是并行执行的。

PLC 的工作原理:PLC 上电后,系统程序对接在输入点(即输入接线端子)的来自工业现场的过程输入信号循环扫描并采样;用户程序对采样的信号及相关的其他信号进行运算和处理,并把运算和处理结果中的输出信号送到输出点(即输出接线端子),输出刷新,控制输出负载回路接通或断开,实现对生产过程的控制。

6.2.5　PLC 控制系统的中断处理

PLC 控制系统的中断输入处理方法同一般计算机系统基本相同,即当有中断申请信号输入后,系统要中断正在执行的有关程序,转而执行中断子程序;当有多个中断源时,它们将按中断优先级的先后顺序排队处理中断子程序。系统可以通过程序设定允许中断或禁止中断。PLC 的中断源有优先顺序,一般无嵌套关系,即只有在原中断处理子程序结束后,才能进行新的中断处理。

但是,PLC 对中断的处理与计算机系统对中断的处理是有区别的,PLC 对中断的处理过程是:当有中断请求时,响应中断是在一个扫描周期内某个集中批处理阶段结束后进行的。

6.3　可编程序控制器的编程语言

S7-300 系列 PLC 采用的编程软件是 STEP 7,STEP 7 中常用的编程语言有梯形图(LAD)、指令表(STL)和功能块图(FBD)三种。

6.3.1　梯形图

梯形图(Ladder Diagram,LAD)编程语言是从继电器-接触器控制系统的电路原理图基础上演变而来的,它的基本思想及控制逻辑与继电器-接触器控制系统的工作原理十分接近。它沿用了继电器、接触器的触头、线圈、串联、并联等术语和图形符号,并扩展了一些功能符号,这些图形符号称为编程元件。梯形图指令有 3 个基本形式:触点、线圈和指令盒(方块图),如图 6-7 所示。

在梯形图编程元件中的触点如图 6-7(a)所示,分为常开触点和常闭触点,当存储器中软继电器的线圈得电,线圈的状态为 1,其触点动作,常闭触点断开,常开触点闭合;当存储器中软继电器的线圈失电,线圈的状态为 0,其触点恢复常态。

PLC 内每个存储单元的每一位为一个软继电器的线圈,每个软继电器上的触点从理

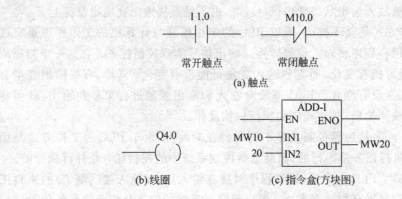

图 6-7　梯形图基本指令

论上说有无限个,这是实体继电器或者接触器无法实现的。

　　在梯形图编程元件中的线圈如图 6-7(b)所示,通常表示"输出"逻辑结果,输出到负载回路,控制输出设备的工作状态,例如控制接触器、电磁阀、指示灯、蜂鸣器等。

　　图 6-7(c)所示的指令盒,对于 S7-300 PLC,它代表附加的指令,如定时器、计数器、数据运算指令、数据处理指令和控制功能指令等。

　　一个梯形图指令包含了操作码和操作数等信息。操作码表示要做什么,操作数表示对什么做。将这些图形符号按控制要求连接组合起来就可以表示输入/输出之间的逻辑关系。

　　梯形图的特点是形象、直观、简单明了、可读性强、易于理解和掌握,不需要掌握较深的计算机结构的知识,适合 PLC 知识的初学者。如果具有一些设计继电器、接触器控制系统的电路原理图知识,就更容易掌握梯形图(LAD)这种编程语言了。它是所有 PLC 编程语言的首选。

　　图 6-8 所示是一个用梯形图的基本指令构成的典型梯形图。左边一条垂直的线称作母线,从母线起与触点逻辑连接,到右边线圈逻辑输出。它的作用是控制电动机连续单向运转(未含过载保护)。图 6-9 所示是一个控制电动机连续单向运转的继电器-接触器控制的电路原理图。

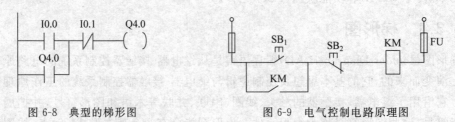

图 6-8　典型的梯形图　　　　　　图 6-9　电气控制电路原理图

6.3.2　指令表

　　指令表(Statement List,STL)又称语句表,是用助记符描述程序的一种编程语言。指令语句是指令表编程语言的编程元素。指令表由若干条指令语句组成,如图 6-10 所示。

```
A    I0.0
OR   Q4.0
AN   I0.1
=    Q4.0
```

图 6-10　指令表

一条指令语句包含两部分：一是操作码，表示要进行什么操作，用助记符表示；二是操作数，表示要操作的对象。

操作数可以是立即数，也可以是操作数的地址（直接的或间接的）。操作数可以省略，当操作数省略时，指令语句称为无操作数指令，其操作数是隐含的。

指令表指令语句和梯形图基本指令及功能块可以相互转换。但有些指令语句没有与之对应的梯形图指令和功能块指令，指令表指令更丰富。

用指令表编程需要掌握一定的计算机结构的知识，适合于熟悉计算机结构并有经验的程序员使用。

6.3.3 功能块图

功能块图（Function Block Diagram，FBD）编程语言是功能块。功能块图由各种功能块及连线组成。功能块指令表示输入/输出之间的逻辑函数关系，按动作顺序或控制逻辑用连线将功能块连接起来。如图 6-11 所示功能块图，它与图 6-8 所示梯形图和图 6-10 所示的指令表相对应，它与梯形图及指令表可以相互转换。

图 6-11 功能块图

功能块图的特点是比较直观易懂，适合于掌握或熟悉数字电子技术逻辑门电路设计方法的人。FBD 编程语言有利于程序流的跟踪。

6.4 可编程序控制器的程序结构

可编程序控制器常用的程序结构有线性化程序和结构化程序。

6.4.1 线性化程序

线性化程序是根据控制要求，将所有指令全部依次写在组织块 OB1 中的程序，如图 6-12 所示。这种程序结构简单，只有一个程序文件。适合于小型的控制程序。

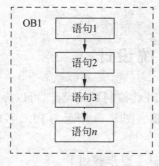

图 6-12 线性化程序

6.4.2 结构化程序

为支持结构化程序设计,STEP 7 用户程序通常由组织块(OB)、功能块(FB)、功能(FC)以及标准系统功能块(SFB)和标准系统功能(SFC)等逻辑块和数据块(DB)组成。

结构化程序是由组织块(OB1)和若干个功能块(FB)或功能(FC)组成。根据控制要求,将控制功能划分成模块,将程序分别写在不同的功能块(FB)或功能(FC)中,由组织块(OB1)进行管理和调用的程序,如图 6-13 所示。组织块(OB1)可以调用功能块或功能以及标准系统功能块或标准系统功能,不能被功能块或功能调用;功能块(FB)或功能(FC)(子程序)之间可以互相调用。可以使用块调用指令来实现。

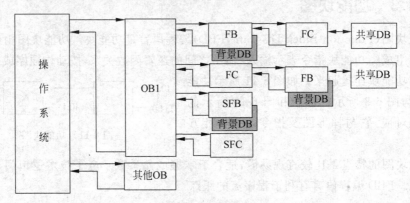

图 6-13 结构化程序

这种程序结构可以由多人分别来编写组织块(OB1)(主程序)和功能块(FB)或功能(FC)(子程序),缩短编程时间,可以优化程序结构,节省存储空间,减少程序执行时间。适合控制功能复杂的用户程序。

结构化程序的执行过程:当程序执行逻辑块的块调用指令时,中止当前块(调用块)中的程序运行,转去执行被调用块的程序;当执行到被调用块程序中的返回指令时,返回调用块程序继续执行块调用指令后的程序,如图 6-14 所示。

操作系统可以调用其他组织块 OB 以响应确定事件(中断)。其他组织块 OB 可根据控制过程的需要设定和编制。

6.5 PLC 控制系统设计

按照规范的设计步骤进行 PLC 控制系统设计,可以提高工作效率。本节只介绍 PLC 控制系统的设计和调试主要步骤。图 6-14 所示为 PLC 控制系统设计和调试主要步骤的流程图。

PLC 控制系统的设计和调试主要步骤如下。

(1)深入了解和分析被控对象的工艺条件和控制要求,确定 PLC 控制系统的类型。

(2)确定外部设备。选择按钮、开关、传感器等输入设备,选择接触器、继电器、电磁阀、指示灯、蜂鸣器、执行机构等输出设备(确定 I/O 点数)。

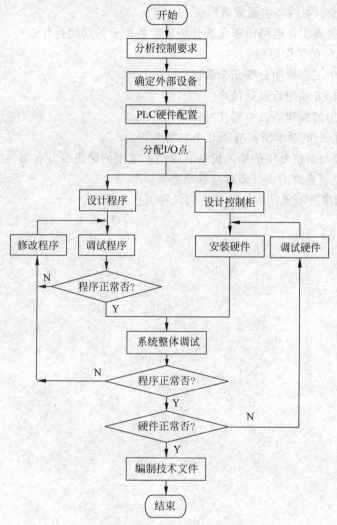

图 6-14　PLC 控制系统设计和调试主要步骤的流程

（3）进行 PLC 硬件配置。选择合适的 PLC（包括型号、容量、I/O 模块、功能模块、通信模块、电源等）。

（4）分配 I/O 点（列出 I/O 点分配表）、画输入/输出(I/O)端子的连线图。

（5）设计用户程序（可同时设计系统控制柜并安装）。

（6）进行程序调试。

（7）控制系统整体调试。

（8）编制技术文件。

思考与练习题

1. PLC 控制系统分为哪些类型？各有何特点？

2. PLC 控制系统的硬件系统由哪几部分组成？

3．可编程控制器的基本组成有哪些？

4．PLC 的等效工作电路由哪几部分组成？各部分的功能是什么？

5．简述 PLC 的工作原理。

6．PLC 一个工作周期分哪几个阶段？

7．PLC 工作方式的特点是什么？

8．PLC 常用的编程语言有哪几种？

9．梯形图指令的基本形式有哪几个？请画出。

10．PLC 控制系统常用的输入设备有哪些？常用的输出设备有哪些？

11．PLC 控制系统的设计步骤包括哪些？

12．可编程序控制器的程序结构有哪几种？说明特点。

Chapter 7

S7-300 PLC指令系统及应用

本章以西门子公司 S7-300 PLC 为例,介绍 PLC 的基本构成、基本指令系统及应用。

7.1 S7-300 PLC 概述

7.1.1 S7-300 PLC 的基本构成

S7-300 PLC 采用模块化结构设计,它的基本构成包括电源模块(PS)、中央处理单元模块(CPU)、接口模块(IM)、信号模块(SM)、功能模块(FM)、通信模块(CP)及导轨(RACK)等。各种信号模块、功能模块和通信模块可以进行组合,都安装在导轨上。其系统构成如图 7-1 所示。

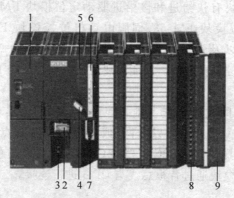

图 7-1 西门子 S7-300 PLC 的模块

1—电源;2—后备电池(CPU 313 以上);3—24V DC 连接;4—模式开关;5—状态和故障指示灯;

6—存储器卡(CPU 313 以上);7—MPI 多点接口;8—前连接器;9—前门

1. 电源模块(PS)

电源模块用于将 120/230V 交流电源或 24/48/60/110V 直流电源转换成直流电源(5V、12V、24V 等),为 S7-300 PLC 的 CPU 和各个模块提供工作电源。额定输出电流有

2A、5A 和 10A。电源模块通过电源连接器或导线与 CPU 模块连接。

2. 中央处理单元模块（CPU）

CPU 模块的主要作用是管理系统中的模块，执行用户程序，并为 S7-300 PLC 背板总线提供 5V 直流电源，还可以通过 MPI 接口（并加 MPI 卡和 MPI 编程电缆）与其他中央处理器或编程装置通信。西门子 S7-300 PLC 提供了多种不同性能的 CPU。CPU 模块通过背板总线与信号模块、功能模块、通信模块以及其他 CPU 模块进行连接。

3. 接口模块（IM）

接口模块的作用是用于配置多个机架时连接主机架和扩展机架。接口模块 IM360 具有发送功能，安装在主机架上；接口模块 IM361 具有接收功能，安装在扩展机架上；接口模块对 IM365，只用于扩展一个机架时使用。接口模块之间通过专用的信号电缆连接。接口模块通过背板总线与 CPU 模块进行连接。S7-300 PLC 最多可配置 4 个机架。

4. 信号模块（SM）

信号模块的作用是使不同的过程信号电平（数字的或模拟的）与 S7-300 PLC 的内部信号电平相匹配。它是数字量输入/输出模块和模拟量输入/输出模块的总称，西门子 S7-300 PLC 提供了数字量输入模块 SM321、数字量输出模块 SM322、模拟量输入模块 SM331、模拟量输出模块 SM332 等。每个信号模块都配有自编码的螺紧型前连接器，外部过程信号可方便地连在信号模块的前连接器上。特别指出的是，其模拟量输入模块可以直接接入热电偶、热电阻、4～20mA 电流、0～10V 电压等 18 种不同的信号，输入量程范围宽。信号模块通过背板总线与 CPU 模块进行连接。

5. 功能模块（FM）

功能模块主要用于对实时性要求高、存储计数量要求较大的控制任务。西门子 S7-300 PLC 提供的功能模块有快给进和慢给进驱动定位模块 FM351、电子凸轮控制模块 FM352、步进电动机定位模块 FM353、伺服电动机位控模块 FM354、智能位控制模块 SINUMERIK FM-NC，以及计数器模块 FM350-1 和 FM350-2、定位和路径控制模块 FM357、称重模块、闭环控制模块等。功能模块通过背板总线与 CPU 模块进行连接。

6. 通信模块（CP）

通信模块用于 PLC 间或 PLC 与其他智能设备间联网以实现数据共享，可以将 PLC 接入 RPROFIBUS-DP、AS-i 和工业以太网，或用于实现点对点通信等。西门子 S7-300 PLC 提供的通信模块有具有 RS-232C 接口的 CP341，可与现场总线联网的 CP342-5 DP，还有 CP343-1 等。通信模块通过背板总线与 CPU 进行连接。

7. 导轨（RACK）

导轨又称机架，是一种专用的固定和安装 S7-300 PLC 各种模块的 DIN 标准金属机架。它是特制的不锈钢异型板，有五种规格，长度分别为 160mm、482mm、530mm、830mm、2000mm。用户可根据实际安装的模块选择导轨的长度。

7.1.2 S7-300 PLC 的硬件配置

S7-300 PLC 是模块化的结构设计，用户可以根据 PLC 控制系统的控制要求配置硬件，针对不同的控制规模及被控对象，选用不同的模块进行组合。S7-300 PLC 的机架分主机架 CR 和扩展机架 ER，主机架称为机架 0，是 0 号机架，是必选的。每个机架上有 11 个槽位。机架 0 的 1 号槽位（最左边）安装电源模块，2 号槽位安装 CPU，3 号槽位安装接口模块，4～11 号槽位可以自由放置信号模块、功能模块和通信模块等，系统自动为模块分配地址。当只配置一个机架时，虽然没有接口模块，但 3 号槽位仍然由并不存在的接口模块占用，而 CPU 模块和 4 号槽位的模块可以挨在一起放置。

　　需要注意的是，每一个机架上并不存在物理的槽位，各个机架上的槽位是相对的。根据信号模块、功能模块或通信模块实际放置的位置确定 4～11 号槽位的槽位号，系统自动组态。

　　S7-300 PLC 控制系统可配置多个机架，如图 7-2 所示。最多可扩展 3 个机架，依次称为机架 1、机架 2 和机架 3，即 1 号机架、2 号机架和 3 号机架。各个机架之间的信号通过接口模块 IM360/IM361 传输。接口模块安装在扩展机架的 3 号槽位上。如果只扩展一个机架，则可选用比较经济的 IM365 接口模块对，由于 IM365 不能给机架 1 提供通信总线，因此在机架 1 上只能安装信号模块，而不能安装通信模块以及其他智能模块。

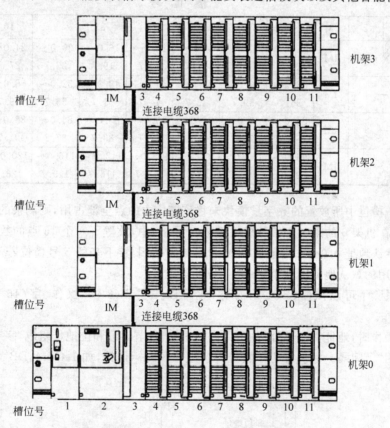

图 7-2　西门子 S7-300 PLC 机架和槽位示意图

　　每一个机架上最多只能安装 8 个信号模块、功能块或通信模块。即配置多个导轨时，S7-300 PLC 控制系统最多可配置 4 个机架，32 个信号模块、功能块或通信模块。实际上每个机架上安装模块的数量除了不能大于 8 块外，还要受背板总线 DC 5V 供电电压和供电电流的限制。供电电流与 CPU 的型号、电源的型号有关。每个机架上各模块消耗电压为 5V,电流之和应小于该机架供给的最大电流。

7.1.3　S7-300 PLC 的模块地址

S7-300 PLC 的导轨上 4～11 号槽位都有固定的点(对于数字量 I/O 模块)或通道(对于模拟量 I/O 模块)通过背板总线与 CPU 模块的输入(I)/输出(O)存储区一一对应,并用地址进行标识。

1. 数字量 I/O 模块的地址

数字量 I/O 模块每个槽位划分为 4B(字节 Byte)(4×8 等于 32 个 I/O 点),例如机架 0 的第一个信号模块槽位(4 号槽)的数字量模块地址为 0.0～3.7,第二个信号模块槽位(5 号槽)的数字量模块地址为 4.0～7.7 等,数字量 I/O 模块的默认地址见表 7-1。

表 7-1　数字量 I/O 模块的默认地址

机架	槽　位　号										
	1	2	3	4	5	6	7	8	9	10	11
0	PS	CPU	IM	0.0～3.7	4.0～7.7	8.0～11.7	12.0～15.7	16.0～19.7	20.0～23.7	24.0～27.7	28.0～31.7
1	—		IM	32.0～35.7	36.0～39.7	40.0～43.7	44.0～44.7	48.0～51.7	52.0～55.7	56.0～59.7	60.0～63.7
2	—		IM	64.0～67.7	68.0～71.7	72.0～75.7	76.0～79.7	80.0～83.7	84.0～87.7	88.0～91.7	92.0～95.7
3	—		IM	96.0～99.7	100.0～103.7	104.0～107.7	108.0～111.7	112.0～115.7	116.0～119.7	120.0～123.7	124.0～127.7

当某一槽位中所放置的数字量模块未将该槽位中的点全部占用,则剩余的点为空闲。例如,如果在机架 0 的第一个信号模块槽位(4 号槽)中,放置了一个 16 点的数字量模块,则只用了默认地址 0.0～1.7,地址 2.0～3.7 未被使用,接下来的 5 号槽位若放置数字量模块,则可用的默认地址仍为 4.0～7.7,以此类推。

数字量除了可以按位(BOOL)操作,也可以按字节(8 位)操作、字(16 位)或双字(32 位)操作。

按位操作时,地址由三部分构成,即由标识符、字节地址和位地址组成,字节地址和位地址之间用“.”间隔。标识符为存储器中各存储区的标识符,如 I、O、M、DB 等,如图 7-3所示。

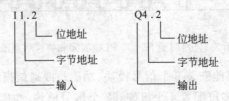

图 7-3　数字量模块地址组成

按字节、字或双字操作时,地址由三部分构成,即由主标识符、辅助标识符和字节地址组成。

主标识符为存储器中各存储区的标识符,如 I、O、M、T、C、DB 等。

辅助标识符为：B(Byte 字节)、W(Word 字)、D(Double Word 双字)。

字节地址为操作数的起始地址,即以组成字和双字单元的第一个字节的地址作为字和双字的地址号,例如 MB10、MW10、MD10 等,如图 7-4 所示。

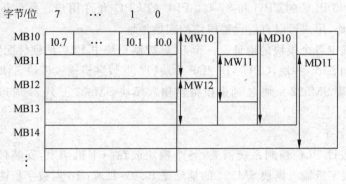

图 7-4　字节、字、双字操作数的单元分配示意图

例如,操作数 MW10 是字操作,由两个字节 MB10 和 MB11 组成,其中 MB10 为高字节。又如,操作数 MD10 是双字操作,由四个字节 MB10、MB11、MB12、MB13 组成,其中 MB10 为高字节。可见,MB10、MW10、MD10 的首字节都是 MB10。又如,操作数 MW11 是字操作地址,由两个字节 MB11 和 MB12 组成,其中 MB11 为高字节。

需要注意的是,在两个字操作数 MW10 和 MW11 中,由于字节 MB11 交叉使用,如图 7-4 所示,在处理数据时会造成数据错误。因此,在使用字操作时,相邻的两个字地址之间至少应间隔一个字,即字节地址的差为 2,使用时字地址应为 MW10、MW12、MW14 等。同理,在两个双字操作数 MD10 和 MD11 中,字节 MB11、MB12 和 MB13 相互交叉。因此,在使用双字操作时,相邻的两个双字的地址之间至少应间隔三个字节,即字节地址的差为 4,使用时双字地址应为 MD10、MD14、MD18 等。要保证没有生成任何重叠的字节,避免造成数据读写错误。

2. 模拟量 I/O 模块的地址

模拟量 I/O 模块每个槽划分为 16B(等于 8 个模拟量通道),每个模拟量输入通道或输出通道的地址总是占一个字(Word)。模拟量 I/O 模块的默认地址见表 7-2。

表 7-2　模拟量 I/O 模块的默认地址

机架	槽　位　号										
	1	2	3	4	5	6	7	8	9	10	11
0	PS	CPU	IM	256～270	272～286	288～302	304～318	320～334	336～350	352～366	368～382
1	—		IM	384～398	400～414	416～430	432～446	448～462	464～478	480～494	496～510
2	—		IM	512～526	528～542	544～558	560～574	576～590	592～606	608～622	624～638
3	—		IM	640～654	656～670	672～686	688～702	704～718	720～734	736～750	752～766

与数字量模块相似,当某一槽位中所放置的模拟量模块未将该槽位中的通道全部占用,则剩余的通道为空闲。例如,如果在 0 的第一个信号模块槽位(4 号槽)中,放置了一个 2 通道的模拟量模块,则只用了默认地址 256~258,地址 260~270 未被使用,接下来的 5 号槽位若继续放置模拟量模块,则可用的地址仍为 272~286,以此类推。S7-300 PLC 为模拟量模块保留了专用的地址区域,可以用装载指令和传送指令访问。

数字量 I/O 模块与模拟量 I/O 模块可以在同一个机架上混用,系统自动组态。

部分 S7-300 PLC 的 CPU 和 S7-400 PLC 的 CPU 允许用户在硬件组态时改变信号模块默认的地址,用户可以自行设置模块的起始地址。

例 7-1 确定各个模块的地址。一个 PLC 控制系统中 PLC 的硬件配置如下:

电源模块 PS307 一块,CPU 315-2DP 一块,16 点数字量输入模块 SM321 一块,16 点数字量输出模块 SM322 一块,4 通道模拟量输入模块 SM331 一块,4 通道模拟量输出模块 SM332 一块。

设计方案如下。

方案 1:假设 PLC 控制系统需要,各个模块放在一个机架上,安装位置如图 7-5 所示。即 16 点数字量输入模块 SM321 的地址是 I0.0~I1.7;16 点数字量输出模块 SM322 的地址是 Q4.0~Q5.7;4 通道模拟量输入模块 SM331 的地址是 IW288、IW290、IW292、IW294;4 通道模拟量输出模块 SM332 的地址是 QW304、QW306、QW308、QW310。

机架0	电源 模块 PS307	CPU 模块 315-2DP	16点数字量 输入 SM321	16点数字量 输出 SM322	4通道 模拟量 输入SM331	4通道 模拟量 输出SM332

图 7-5 模块在机架上的安装位置

则各个模块的默认地址如图 7-6 所示。

机架0	电源 模块 PS307	CPU 模块 315-2DP	0.0~1.7	4.0~5.7	288~294	304~310

图 7-6 模块在机架上的默认地址

用户可以改变 PLC 信号模块默认的地址,自行设置模块的对应地址。例如,用户将16 点数字量输出模块 SM322 的起始设为 0,则 16 点数字量输出模块 SM322 的地址就是Q0.0~Q1.7。

方案 2:根据该 PLC 控制系统需要,假设各个模块放在 2 个机架上,安装位置如图 7-7 所示。即 16 点数字量输入模块 SM321 的地址是 I0.0~I1.7;16 点数字量输出模块 SM322 的地址是 Q32.0~Q33.7;4 通道模拟量输入模块 SM331 的地址是 IW272、IW274、IW276、IW278;4 通道模拟量输出模块 SM332 的地址是 QW400、QW402、QW404、QW406。

则各个模块的默认地址如图 7-8 所示。

用户可以改变 PLC 信号模块默认的地址,自行设置模块的起始地址。

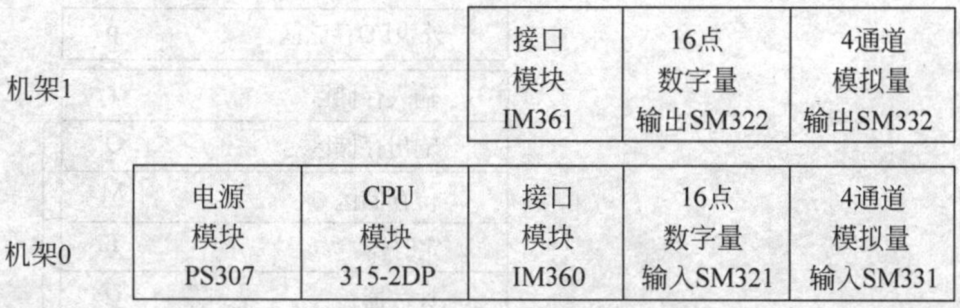

		接口 模块 IM361	16点 数字量 输出SM322	4通道 模拟量 输出SM332
机架1				

| 机架0 | 电源
模块
PS307 | CPU
模块
315-2DP | 接口
模块
IM360 | 16点
数字量
输入SM321 | 4通道
模拟量
输入SM331 |

图 7-7　模块在机架上的安装位置

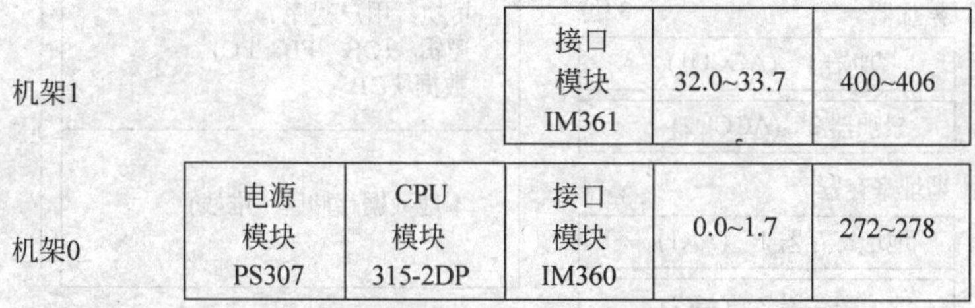

		接口 模块 IM361	32.0~33.7	400~406
机架1				

| 机架0 | 电源
模块
PS307 | CPU
模块
315-2DP | 接口
模块
IM360 | 0.0~1.7 | 272~278 |

图 7-8　模块在机架上的默认地址

7.1.4　S7-300 PLC 的存储器

S7-300 PLC 的存储器用以存储数据和程序。存储器的大小由 CPU 的型号决定。存储器结构的示意图如图 7-9 所示。根据用途的不同,存储器划分为几个基本存储区:系统存储区、工作存储区、装载存储区和外设 I/O 存储区。

在 S7-300 PLC 的 CPU 存储器中,还有两个 32 位的累加器、两个 32 位地址寄存器、两个数据块地址寄存器和一个 16 位的状态字寄存器。

1. 系统存储区

系统存储区为随机存取存储器(RAM)。用于存放操作数据,如输入/输出数据、运算的中间结果、定时器的定时值和计数器的计数值等。

系统存储区按存放数据分为输入存储区(I)、输出存储区(Q)、位存储区(M)、定时器(T)值、计数器(C)及堆栈(L)等。

(1) 输入存储区(I)。输入存储区又称输入状态映像区(I),简称输入(I)。在每一个扫描周期的输入采样阶段,系统程序将读取输入信号的状态值,并写入输入存储区(I),由该区中的输入状态寄存器(输入继电器)记忆输入信号的状态,供用户程序执行过程中使用。在用户程序执行过程中这些值保持不变,直到下一个扫描周期的输入采样阶段,系统程序读入新的输入状态值时将该区的状态更新。

(2) 输出存储区(Q)。输出存储区又称输出状态映像区(Q),简称输出(Q)。在一个扫描周期中,用户程序运行过程中产生的中间结果及输出结果就写入输出存储区,由该区的输出状态寄存器(输出继电器)记忆输出信号的状态。在每一个扫描周期的输出刷新阶段,系统从该区中读取输出信号的值,传送到输出单元模块的输出点,即输出接线端子上,并由输出锁存器锁存保持到下一个扫描周期的输出刷新阶段。

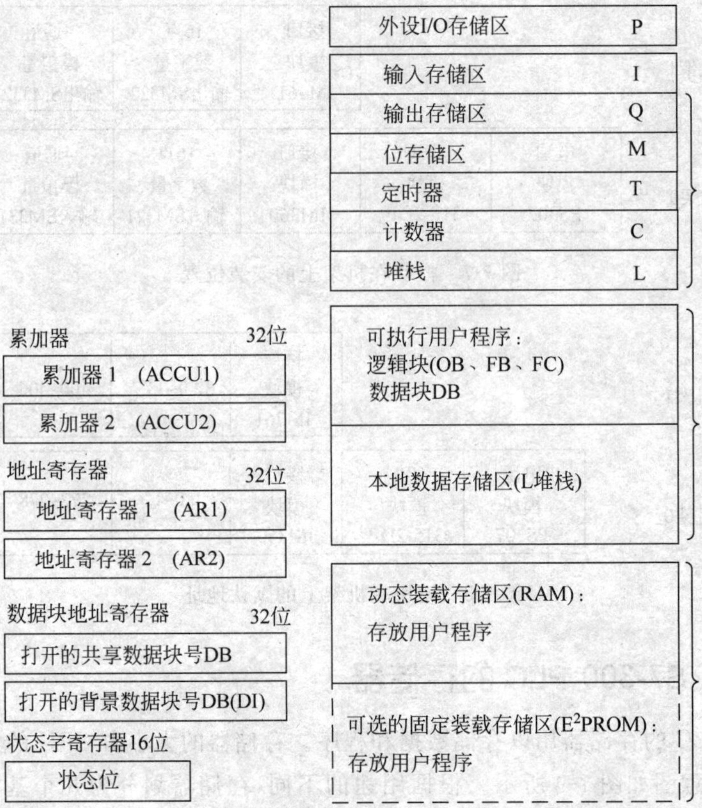

外设I/O存储区	P
输入存储区	I
输出存储区	Q
位存储区	M
定时器	T
计数器	C
堆栈	L

累加器　　　　　　　　32位

| 累加器 1　(ACCU1) |
| 累加器 2　(ACCU2) |

地址寄存器　　　　　　32位

| 地址寄存器 1　(AR1) |
| 地址寄存器 2　(AR2) |

数据块地址寄存器　　　32位

| 打开的共享数据块号DB |
| 打开的背景数据块号DB(DI) |

状态字寄存器16位

| 状态位 |

可执行用户程序：
逻辑块(OB、FB、FC)
数据块DB

本地数据存储区(L堆栈)

动态装载存储区(RAM)：
存放用户程序

可选的固定装载存储区(E²PROM)：
存放用户程序

图 7-9　S7-300 PLC 的存储器结构示意图

（3）位存储区(M)。在用户程序运行时产生的中间结果，如果这些结果不输出，就存放在位存储区(M)中，由位存储区的状态寄存器保存这些数据。该区的数值随着用户程序的执行过程不断变化。

（4）定时器(T)。为定时器提供的存储区，用于存放定时器的定时值和定时器的状态。定时器指令可以访问该存储区和计时单元。

（5）计数器(C)。为计数器提供的存储区，用于存放计数器的计数值和计数器的状态。计数指令可以访问该存储区。

（6）本地数据堆栈(L堆栈)或称堆栈 L。用于程序块调用时发出程序断点的参数。在 FB、FC 或 OB 运行时，将在块变量声明表中声明的暂态变量存在该存储区中，传送某些类型参数和存放梯形图的中间结果。在 FB、FC 或 OB 块执行结束时，本地数据堆栈(L堆栈)释放，L堆栈中的数据在程序块工作时有效，并一直保持，当新的块被调用时，L堆栈重新分配。不同的 CPU 提供不同容量的本地数据堆栈(L堆栈)。

2. 工作存储区

工作存储区为随机存取存储器(RAM)，用于存储 CPU 运行时所执行的用户程序单元(逻辑块和数据块)的复制件和存放程序数据块(DB)的数据。

3. 装载存储区

装载存储区为随机存取存储器(RAM),用于存放用户程序。加上内置的 E^2PROM 或选用的可拆卸 FEPROM 卡。

4. 外设 I/O 存储区

外设 I/O 存储区为随机存取存储器(RAM)、外设输入存储区(PI)和外设输出存储区(PQ),用户可以通过这个区域直接对外设进行读写。外设存储区不可按位访问,可按字节、字或双字操作。

7.2 S7-300 PLC 的指令结构及操作数

西门子公司 S7-300、S7-400 系列 PLC 使用的编程软件是 STEP 7。在 STEP 7 中常用三种基本编程语言,包括梯形图(LAD)、指令表(STL)和功能块图(FBD)等,并支持编程语言之间相互转换。

S7-300 PLC 指令系统非常丰富,支持结构化编程方法。它包括位逻辑指令、定时器指令、计数器指令、数据传送指令、比较指令、运算指令、数据循环指令、移位指令和控制指令等。梯形图指令系统见附录 C。

7.2.1 指令结构

指令是程序的最基本单元。程序由若干条指令组成,即程序是指令的集合。

一条指令由操作码和操作数组成。

1. 操作码

操作码说明要"做什么",即指令的功能;操作数说明对"谁"做,即执行操作的对象。例如:

    = M10.0

该指令是一条位逻辑指令。其中,"="是操作码,它表示要做"输出"操作;"M10.0"是操作数,它指出要对位存储区(M)的第 10 字节的第 0 位进行赋值操作。

梯形图指令用图形表示操作码;指令表用助记符操作码;功能块图指令与梯形图指令相似,用逻辑运算方块图表示操作码。

2. 操作数

操作数表示操作的对象,可以是立即数,也可以是地址。

操作数的地址由主标识符、辅助标识符和参数组成。

(1)主标识符指出操作数在存储器中的哪个存储区,存储区的标识符有 I(输入存储区)、Q(输出存储区)、M(位存储区)、T(定时器)、C(计数器)、L(本地数据)、DB(数据块)、PI(外部输入)、PQ(外部输出)。

(2)辅助标识符指出操作数的位数,如 B(字节 Byte)操作数为 8 位;W(字 Word,2 字节)操作数为 16 位;D(双字 Double Word,4 字节)操作数为 32 位。如 MB10、MW20、MD100 等。如果操作数是一位数,即为存储单元的某一位(BOOL),则不用辅助标识符,如 M10.0。

（3）参数指出操作数在存储区中存储单元的地址编号。例如 MB10 中的 10 指出操作数的地址是位存储器的第 10 字节。如果操作数是存储单元的某一位,则参数由存储单元的字节地址和位地址组成,中间用"."隔开,如 M10.0。

有些指令不带操作数。它们操作的对象是隐含的。例如,SET 是将状态字寄存器中的逻辑操作结果 RLO 位（第 1 位）置 1;—|NOT|—是对状态字寄存器中的逻辑操作结果 RLO 取反。

7.2.2　操作数的表示方法

在 STEP 7 中,操作数有两种表示方法:第一种是绝对地址（物理地址）表示法;第二种是符号表示法。

（1）绝对地址（物理地址）表示法。用绝对地址（物理地址）表示操作数时,要明确指出操作数的所在存储区、该操作数的位数及具体位置。例如,Q4.0 是用绝对地址（物理地址）表示的操作数,其中 Q 表示操作数在输出存储区中,4.0 表示操作数的具体位置是第 4 字节的第 0 位。

（2）符号表示法。为使程序增强可读性,STEP 7 允许用符号表示操作数,符号必须先定义然后才能使用,而且符号名必须是唯一的,不能重复。定义符号时,需要指明操作数所在的存储区、操作数的位数、操作数的具体位置及数据类型。如用符号 MOTOR_ON 替代绝对地址 Q4.0。

7.2.3　状态字结构及其含义

1. 状态字的结构

状态字用于表示 CPU 执行指令时所具有的状态。它是位于 CPU 中的状态字寄存器,其结构如图 7-10 所示。一些指令是否执行或以何种方式执行可能取决于状态字中的某些位;执行指令时也可能改变状态字中的某些位;也可在位逻辑指令或字逻辑指令中访问并检测它们。

15		8	7	6	5	4	3	2	1	0
		BR	CC1	CC0	OS	OV	OR	STA	RLO	$\overline{FC}$

图 7-10　状态字的结构

2. 状态字的含义

1）首次检测位（$\overline{FC}$）

首次检测位（FC）是状态字的第 0 位。若 FC 位的状态为 0,则表明一个逻辑网络的开始,左起逻辑母线,或指令为逻辑串第一条指令。CPU 对逻辑串第一条指令进行检测,如果是左起逻辑母线,首次检测的结果保存在状态字的第 1 位 RLO 中。位在逻辑串的开始时总是 0,在逻辑串指令执行过程中 FC 位为 1,输出指令、与逻辑运算有关的转移指令或一个逻辑串结束的指令将 $\overline{FC}$ 清 0。

2) 逻辑操作结果位(RLO)

逻辑操作结果位(RLO)是状态字的第 1 位。该位存储位逻辑指令或算术比较指令的运算结果。在逻辑串中,RLO 位的状态能够表示有关信号流的信息。RLO 的状态为 1,表示有信号能流流过(通);RLO 的状态为 0,表示无信号能流流过(断)。可用 RLO 触发跳转指令。

3) 状态位(STA)

状态位(STA)是状态字的第 2 位。它不能用指令检测,只是在程序测试中被 CPU 解释并使用。如果一条指令是对存储区操作的位逻辑指令,则无论是对该位的读或写操作,STA 总是与该位的值取得一致;对不访问存储区的位逻辑指令来说,STA 没有意义,此时它总被置为 1。

4) 或位(OR)

或位(OR)是状态字的第 3 位。在先逻辑"与"、后逻辑"或"的逻辑串中,OR 位暂存逻辑"与"的操作结果,以便进行后面的逻辑"或"运算。其他指令将 OR 位清 0。

5) 溢出位(OV)

溢出位(OV)是状态字的第 4 位。溢出位被置 1,表明一个算术运算或浮点数比较指令执行时出现错误(如溢出、非法操作、不规范格式)。如果后面的算术运算或浮点数比较指令执行结果正常,OV 位就被清 0。

6) 溢出状态保持位(OS)

溢出状态保持位(OS)是状态字的第 5 位。OV 被置 1 时 OS 也被置 1;OV 被清 0 时 OS 仍保持。所以它保存了 OV 位,用于指明在先前的一些指令执行中是否产生过错误。能复位 OS 位的指令有 JOS(OS＝1 时跳转)、块调用指令和块结束指令。

7) 条件码 1(CC1)和条件码 0(CC0)

条件码 1(CC1)和条件码 0(CC0)是状态字的第 7 位和第 6 位。这两位结合起来用于表示在累加器 1 中产生的算术运算或逻辑运算结果与 0 的大小关系,见表 7-3。

表 7-3　算术运算后的 CC1 和 CC0

CC1	CC0	算术运算无溢出	整数算术运算有溢出	浮点数算术运算有溢出
0	0	结果＝0	整数加时产生负范围溢出	平缓下溢
0	1	结果＜0	乘时负范围溢出;加、减、取负时正溢出	负范围溢出
1	0	结果＞0	乘、除时正溢出;加、减时负溢出	正范围溢出
1	1	—	在除时除数为 0	非法操作

执行比较、移位和循环移位、字逻辑指令后的 CC1 和 CC0 的关系见表 7-4。

表 7-4　比较、移位和循环移位、字逻辑指令后的 CC1 和 CC0

CC1	CC0	比 较 指 令	移位和循环移位指令	字逻辑指令
0	0	累加器 2＝累加器 1	移出位＝0	结果＝0
0	1	累加器 2＝累加器 1	—	—
1	0	累加器 2＝累加器 1	—	结果＜＞0
1	1	不规范(只用于浮点数比较)	移出位＝1	—

8）二进制结果位（BR）

二进制结果位（BR）是状态字的第 8 位。它将字处理程序与位处理联系起来，在一段既有位操作又有字操作的程序中，用于表示字操作结果是否正确（异常）。将 BR 位加入程序后，无论字操作结果如何，都不会造成二进制逻辑链中断。在 LAD 方块指令中，BR 位与 ENO 有对应关系，用于表明方块指令是否被正确执行：如果执行出现了错误，BR 位为 0，ENO 也为 0；如果功能被正确执行，BR 位为 1，ENO 也为 1。

在用户编写的 FB 和 FC 程序中，必须对 BR 位进行管理，当功能块正确运行后使 BR 位为 1，否则使其为 0。使用 STL 指令 SAVE 或 LAD 指令——（SAVE），可将 RLO 存入 BR 中，从而达到管理 BR 位的目的。当 FB 或 FC 执行无错误时，使 RLO 为 1 并存入 BR；否则，在 BR 中存入 0。

7.3　位逻辑（Bit Logic）指令

位逻辑指令用于对操作数为一位二进制数的信号进行逻辑运算、操作以及测试。由于位信号只有两种状态，所以用 1 和 0 表示位信号。1 相当于编程元件的线圈得电，对应的编程元件的常闭触点断开（动断），常开触点闭合（动合）；0 相当于编程元件的线圈失电，对应的编程元件的触点恢复常态。

位逻辑指令主要包括位逻辑运算指令、位操作指令和位测试指令。

7.3.1　位逻辑运算指令

位逻辑运算指令有"与"（AND）、"或"（OR）和"异或"（XOR）等指令及其组合，见表 7-5。

表 7-5　位逻辑运算指令

LAD 指令	STL 指令	FBD 指令	逻辑运算	操作数
＜位地址＞ —| |—	A＜位地址＞ O＜位地址＞	& 　 >=1	逻辑"与" 逻辑"或"	＜位地址＞
＜位地址＞ —|/|—	AN＜位地址＞ ON＜位地址＞	& 　 >=1	逻辑"与非" 逻辑"或非"	＜位地址＞
—	X＜位地址 1＞ X＜位地址 2＞	XOR	逻辑"异或"	＜位地址 1＞ ＜位地址 2＞

注：操作数的数据类型为 BOOL，存储区为 I、Q、M、D、L。

位逻辑运算指令对位（BOOL）操作数的值 1 或 0 进行扫描，经逻辑运算后将结果写入状态字的 RLO 位（第 1 位）中。

1. "与"和"与非"指令

1）梯形图指令

在梯形图指令里，逻辑"与"用串联常开触点表示，逻辑"与非"用串联常闭触点表示；

操作数用触点的地址表示,标在触点的上方,如图 7-11 所示。

在梯形图中,操作数指定了要扫描的对象,CPU 对操作数按照从左到右、从上到下的顺序依次扫描。在做逻辑"与"运算时,如果操作数为 1,其扫描结果也是 1;如果操作数为 0,则扫描结果也是 0。当做逻辑"与非"运算时,先将操作数的信号状态取反再进行"与"运算。

如果串联回路里有一个或多个触点断开,即操作数的值有一个或多个 0,则该回路没有"能流"通过,即断"电"了,逻辑运算结果"0"被写入状态字的 RLO 位中。在这一行结束处,位逻辑操作指令将 RLO 的值"0"赋给 Q4.0,使输出线圈 Q4.0 失电,即使 Q4.0 的常开触点断开。

2) 指令表指令

指令表中逻辑"与"用 A 表示;逻辑"与非"用 AN 表示;如图 7-12 所示为"与"和"与非"指令表的用法,与图 7-11 所示的梯形图对应。

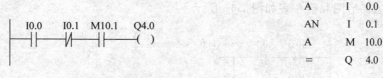

图 7-11　"与"和"与非"的梯形图　　　　图 7-12　"A"和"AN"的指令表

2. "或"和"或非"指令

在梯形图指令里,逻辑"或"用并联常开触点表示,逻辑"或非"用并联常闭触点表示;操作数用触点的地址表示,标在触点的上方,如图 7-13 所示,对应的指令表如图 7-14 所示。

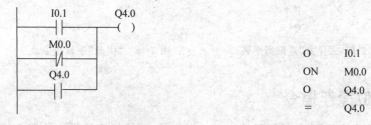

图 7-13　"或"和"或非"的梯形图　　　　图 7-14　"O"和"ON"的指令表

在梯形图中,CPU 对操作数按照从左到右、从上到下的顺序逐一进行扫描。当做逻辑"或"运算时,逻辑运算结果 RLO 和扫描到的操作数的值中只要有一个为 1 时,其扫描结果也为 1;逻辑运算结果 RLO 和扫描到的操作数的值都是 0,则扫描结果也是 0。当做逻辑"或非"运算时,先将操作数的信号状态取反再进行"或"运算。

并联回路里的触点只要有一个闭合,即操作数的值为 1,则该回路有"能流"通过,即通"电"了,逻辑运算结果 1 被写入状态字的 RLO 位中。在这一行结束处将 RLO 的值 1 赋给 Q4.0,使输出线圈 Q4.0 得电,即使 Q4.0 的触点动作,常闭触点断开,常开触点闭合。

3. “异或”与“同或”指令

“异或”和“同或”逻辑指令没有梯形图指令，但用触点组合成异或、同或逻辑，有指令表指令和功能块图指令。

(1) “异或”逻辑是指当输入信号 I0.0 和 I0.1 的状态不同时，运算的结果为 1。“异或”逻辑用法的梯形图指令和指令表如图 7-15 所示。

```
A    I0.0
AN   I0.1
O
A    I 0.0
AN   I0.1
=    Q 4.0
```

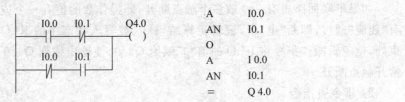

图 7-15 “异或”逻辑的梯形图和指令表

(2) “同或”逻辑是指当输入信号 I0.0 和 I0.1 的状态相同时，运算的结果为 1。“同或”逻辑用法的梯形图和指令表如图 7-16 所示。

```
A    I0.0
A    I0.1
O
AN   I 0.0
AN   I0.1
=    Q 4.0
```

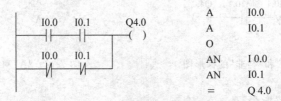

图 7-16 “同或”逻辑的梯形图和指令表

(3) “异或”“同或”逻辑指令表指令如图 7-17 和图 7-18 所示。

```
X    I0.0
X    I0.1
=    Q4.0
```

图 7-17 “异或”逻辑指令表

```
X    I 0.0
XN   I0.1
=    Q4.0
```

图 7-18 “同或”逻辑指令表

7.3.2 位操作指令

位操作指令用于将 RLO 的值赋给指定的操作数，或将指定的操作数置 1 或清 0。位操作指令包括输出指令、中间输出指令、置位/复位指令和触发器，见表 7-6。

表 7-6 位操作指令

LAD 指令	STL 指令	FBD 指令	功 能	操作数	数据类型
＜位地址＞ ——( )	=＜位地址＞	<位地址> [=]	逻辑串输出	＜位地址＞	BOOL
＜位地址＞ ——(#)——	—	<位地址> [#]	中间结果输出	＜位地址＞	BOOL
＜位地址＞ ——(S)	S＜位地址＞	<位地址> [S]	置位输出	＜位地址＞	BOOL

续表

LAD指令	STL 指令	FBD 指令	功　能	操作数	数据类型
<位地址> ——(R)	R<位地址>	<位地址> R	复位输出	<位地址>	BOOL TIMER COUNTER
<位地址> RS R　Q S	—	<位地址> RS R S　Q	置位优先型 （RS触发器）	S 置位输入 R 复位输入 <位地址>	BOOL
<位地址> SR S　Q R		<位地址> SR S R　Q	复位优先型 （RS 触发器）	需要置位、复位的位 Q 的状态	BOOL

注：操作数的存储区为 I、Q、M、D、L；复位指令操作数的存储区为 I、Q、M、D、L、T 和 C。

1. 输出指令

输出指令又称为赋值指令，它位于一行的结尾。如果一行中有多个输出时，可采用并联输出或连续输出等形式，如图 7-19 所示。该指令将状态字中 RLO 的值赋给指定的操作数（位地址），同时输出指令把首次检测位（FC 位）清 0，表示一行结束。当 FC 位为 0 时，表明程序中的下一条指令是一行的第一条指令，CPU 将对其进行首次检测。

图 7-19 所示为连续输出的梯形图，图 7-20 所示为连续输出的指令表。

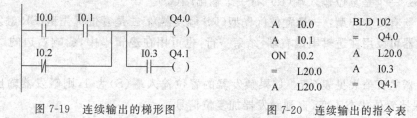

图 7-19　连续输出的梯形图　　　　图 7-20　连续输出的指令表

2. 中间输出指令

中间输出指令用于存储该指令前的位逻辑运算的结果，即将 RLO 的中间结果赋给指定操作数。中间输出指令位于逻辑串的中间，不能放在逻辑串的结尾或分支的结尾处用于结束一个行。中间输出指令有梯形图指令和功能块图指令，但没有对应的指令表指令。

图 7-21 和图 7-22 所示为中间输出指令用法的梯形图和指令表。

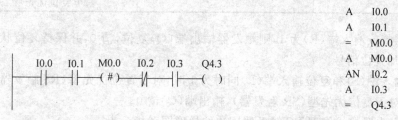

图 7-21　中间输出指令用法的梯形图　　　图 7-22　中间输出指令用法的指令表

3. 置位和复位指令

置位和复位指令是根据 RLO 的值,将指定的位操作数置 1、清 0 或者保持原状态不变。

(1) 置位指令:若 RLO 的值为 0,则被指定的位操作数保持原状态不变。若 RLO 的值为 1,将指定的操作数置 1,一旦操作数被置位操作,则被置位的操作数状态保持 1 的状态,即使 RLO 又变为 0,被置位的操作数仍保持 1,直到用复位指令将该操作数复位,清 0。

(2) 复位指令:若 RLO 的值为 1,将被指定的位操作数清 0;若 RLO 的值为 0,则被指定的位操作数保持原状态不变。复位指令还可用于复位定时器和计数器。

当置位指令和复位指令同时作用于同一个操作数时,复位指令有效。

图 7-23 所示为置位指令和复位指令用法的梯形图和指令表。

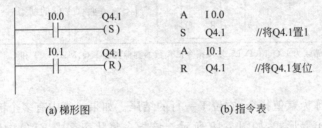

    (a) 梯形图   (b) 指令表

图 7-23 置位指令和复位指令用法的梯形图与指令表

4. 触发器

将置位和复位指令用矩形框图表示就构成了触发器。它有两个输入端,一个是置位输入端(S)、一个是复位输入端(R),有一个输出端(Q)。

触发器有两种类型:一是置位优先型(RS 触发器);二是复位优先型(SR 触发器)。

触发器可以用在逻辑串最右端,结束一行,也可用在逻辑串中,影响右边的逻辑操作结果。

触发器的真值表见表 7-7。如果触发器的置位输入端(S)为 1,则触发器输出端(Q)置 1,并保持置位状态不变,直到触发器加复位信号。

表 7-7 触发器的真值表

R	S	Q
0	0	保持原态
0	1	1(置位)
1	0	0(复位)
1	1	1(置位优先) /0(复位优先)

如果触发器复位输入端(R)为 1,则触发器输出端(Q)复位,清 0,并保持复位状态不变,直到触发器加置位信号。

如果置位输入端(S)和复位输入端(R)同时为 1 时,对于置位优先型(RS 触发器),输出端(Q)置 1;对于复位优先型(SR 触发器),输出端(Q)清 0。

图 7-24 所示为置位优先型 RS 触发器用法的梯形图和指令表。

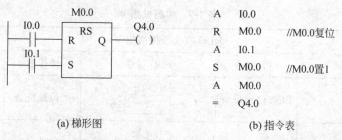

	A	I0.0	
	R	M0.0	//M0.0复位
	A	I0.1	
	S	M0.0	//M0.0置1
	A	M0.0	
	=	Q4.0	

(a) 梯形图　　　　　　　(b) 指令表

图 7-24　置位优先型 RS 触发器用法的梯形图和指令表

5. 对状态字的 RLO 位直接操作的指令

这一类指令可以直接对逻辑操作结果 RLO 进行操作,可以改变状态字中 RLO 位的状态。有取反、置位、复位和保存、再次检查 RLO 等命令。由于专门对 RLO 进行操作,所以它的操作数是隐含的。对 RLO 位直接操作的指令见表 7-8。

表 7-8　对 RLO 位直接操作的指令

LAD 指令	STL 指令	功　能	说　明
─┤NOT├─	NOT	取反 RLO	在逻辑串中,对当前的 RLO 取反
─	SET	置位 RLO	把 RLO 无条件置 1 并结束逻辑串;使 STA 置 1,OR、FC 清 0
─	CLR	复位 RLO	把 RLO 无条件清 0 并结束逻辑串;使 STA、OR、FC 清 0
─(SAVE)	SAVE	保存 RLO	把 RLO 存入状态字的 BR 位,该指令不影响其他状态位
─┤BR├─	A BR	再次检查 RLO	再次检查存储的 RLO

图 7-25 所示为取反指令用法的梯形图和指令表。

```
I0.0          Q4.3          A    I0.0
─┤ ├─┤NOT├─( )              NOT       //将RLO位取反
                            =    Q4.0
```

(a) 梯形图　　　　　　　(b) 指令表

图 7-25　取反指令用法的梯形图和指令表

7.3.3　位测试指令

当信号状态变化时就产生跳变沿。如果信号状态从 0 变到 1 时,产生一个正跳沿(又称上升沿);如果信号状态从 1 变到 0,则产生一个负跳沿(又称下降沿)。跳变沿检测的原理是:将检测到的前一个信号状态存储起来,这个信号状态存储位称为边沿存储位。在每次扫描时把检测到的当前的信号状态与边沿存储位中的前一个信号状态进行比较,如果二者不同,则表明有跳变沿产生。

S7-300 PLC 中有两种跳变沿检测指令,一种是对 RLO 的跳变沿检测的指令;另一种是对触点的跳变沿检测的指令。具体指令内容见表 7-9。

表 7-9 位测试指令

RLO 跳变沿检测指令

LAD 指令	STL 指令	FBD 指令	操作数	功　能
<位地址> —(P)—	FP<位地址>	<位地址> P	<位地址>	检测 RLO 正跳沿
<位地址> —(N)—	FN<位地址>	<位地址> N	<位地址>	检测 RLO 负跳沿

触点跳变沿检测指令

<位地址1> POS　Q <位地址2> M_BIT	—	<位地址1> POS <位地址2> M_BIT Q	<位地址 1> <位地址 2> Q	检测触点正跳沿
<位地址1> NEG <位地址2> M_BIT		<位地址1> NEG <位地址2> M_BIT Q	<位地址 1> <位地址 2> Q	检测触点负跳沿

注：操作数的存储区为 I、Q、M、D、L；数据类型为 BOOL。

1. RLO 跳变沿检测指令

RLO 跳变沿检测指令相当于检测元件的线圈,这个线圈只有一个常开触点。当检测到 RLO 的信号状态产生跳变沿(正或负)时,则检测元件的线圈得电一个扫描周期,它的常开触点也会闭合一个扫描周期,即允许"能流"通过一个扫描周期,并将检测前 RLO 的信号状态存储在边沿存储位中。检测元件的位地址为边沿存储位的地址。

RLO 跳变沿直接检测指令分为正跳沿检测指令和负跳沿检测指令。

(1) RLO 正跳沿检测指令：如果检测到 RLO 有一个正跳沿(由 0 变到 1,上升沿),则检测元件的线圈得电一个扫描周期,它的常开触点闭合一个扫描周期,即允许"能流"通过一个扫描周期(单稳输出)。

(2) RLO 负跳沿检测指令：如果检测到 RLO 有一个负跳沿(由 1 变到 0,下降沿),则检测元件的线圈得电一个扫描周期,它的常开触点闭合一个扫描周期,即允许"能流"通过一个扫描周期(单稳输出)。

图 7-26 所示为 RLO 正跳变沿检测指令用法的梯形图和指令表。

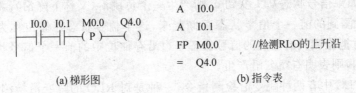

(a) 梯形图	(b) 指令表

图 7-26　RLO 正跳变沿检测指令用法的梯形图和指令表

2. 触点跳变沿检测指令

触点跳变沿检测指令相当于检测元件的线圈,这个线圈只有一个常开触点。当检测到待检测触点的信号状态产生跳变沿(正或负),则检测元件的线圈得电一个扫描周期,它的常开触点也会闭合一个扫描周期,即允许"能流"通过一个扫描周期,并将检测前待检测触点的信号状态存储在边沿存储位中。检测元件的<位地址1>为待检测触点的地址,<位地址2>(M_BIT)为待检测触点的边沿存储位的地址。

触点跳变沿检测指令将当前的待检测触点的信号状态与触点的边沿存储位中待检测触点的前一个信号状态进行比较,如果二者不同,说明有跳变沿产生;如果二者相同,说明没有跳变沿产生。

触点跳变沿检测指令分为触点正跳沿检测指令和触点负跳沿检测指令。触点跳变沿检测指令有梯形图指令和功能块图指令,但是没有指令表指令。

(1)触点正跳沿检测指令:如果检测到待检测触点有一个正跳沿(由0变到1,上升沿),则检测元件的线圈得电一个扫描周期,它的常开触点闭合一个扫描周期,即允许"能流"通过一个扫描周期(单稳输出)。

(2)触点负跳沿检测指令:如果检测到待检测触点有一个负跳沿(由1变到0,下降沿),则检测元件的线圈得电一个扫描周期,它的常开触点闭合一个扫描周期,即允许"能流"通过一个扫描周期(单稳输出)。

图7-27所示为触点负跳沿检测指令用法的梯形图和指令表。

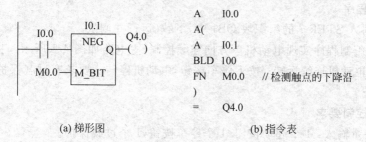

(a) 梯形图　　　　　　　　　　　　　　(b) 指令表

图7-27　触点负跳沿检测指令用法的梯形图和指令表

7.3.4　位逻辑指令应用举例

本小节例题中PLC控制系统的PLC硬件配置均采用例7-1方案1的组态。

例7-2　编制程序实现电动机点动控制,主电路如图4-1所示。控制要求:按下按钮电动机转动,松开按钮电动机停转。

设计如下。

1. 分析控制要求

1个开关量输入:点动控制按钮。

1个开关量输出:接触器。

2. 选PLC

PLC硬件配置如例7-1中的方案1。

3. 地址分配

地址分配见表7-10。

表 7-10　地址分配

符　号	绝对地址	功　能
SB	I0.0	点动控制
KM	Q4.0	接触器

4. 画 I/O 连线图

I/O 连线图如图 7-28 所示。

5. 编写程序

程序采用线性结构,图 7-29 所示为梯形图和指令表。

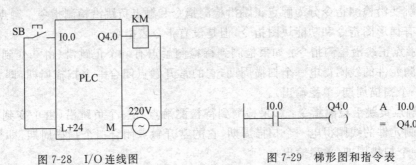

图 7-28　I/O 连线图　　　　　图 7-29　梯形图和指令表

6. 调试程序

将程序写入 STEP 7 的组织块 OB1 中,下载、运行并调试。

例 7-3　编制程序实现电动机单方向连续控制,主电路如图 4-2 所示。控制要求:按下起动按钮,电动机连续运转;按下停车按钮,电动机停转。要求有过载保护。

设计如下。

1. 分析控制要求

3 个开关量输入:1 个起动按钮,1 个停车按钮,1 个过载保护。

1 个开关量输出:接触器。

2. 选 PLC

PLC 硬件配置如例 7-1 中的方案 1。

3. 地址分配

地址分配见表 7-11。

表 7-11　地址分配

符　号	绝 对 地 址	功　能
SB$_1$	I0.0	起动按钮
SB$_2$	I0.1	停车按钮
FR	I0.2	过载保护
KM	Q4.0	接触器

4. 画 I/O 连线图

I/O 连线图如图 7-30 所示。

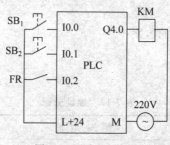

图 7-30 I/O 连线图

5. 编写程序

程序采用线性结构。

（1）图 7-31 所示为利用位逻辑运算指令和输出指令编程的梯形图和指令表。

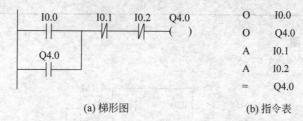

（a）梯形图　　　　　　（b）指令表

图 7-31 利用位逻辑运算指令和输出指令编程的梯形图和指令表

（2）图 7-32 所示为利用置位/复位指令编程的梯形图和指令表，其地址分配不变，I/O 连线图不变。

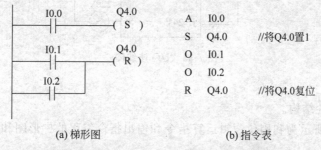

（a）梯形图　　　　　　（b）指令表

图 7-32 利用置位/复位指令编程的梯形图和指令表

6. 调试程序

将程序写入 STEP 7 的组织块 OB1 中，下载、运行并调试。

例 7-4 编制程序实现在两处对电动机单向起动控制，主电路如图 4-4 所示。控制要求：按下 SB_1 起动按钮，电动机连续运转；按下 SB_3 起动按钮，电动机连续运转；按下 SB_2 停车按钮，电动机停转；按下 SB_4 停车按钮，电动机停转。要有过载保护。

设计如下。

1. 分析控制要求

5 个开关量输入：2 个起动按钮，2 个停车按钮，1 个过载保护。

1 个开关量输出：接触器。

2. 选 PLC

PLC 硬件配置如例 7-1 中的方案 1。

3. 地址分配

地址分配见表 7-12。

表 7-12　地址分配

符 号	绝 对 地 址	功 能
SB₁	I0.0	起动按钮
SB₂	I0.1	起动按钮
SB₃	I0.2	停车按钮
SB₄	I0.3	停车按钮
FR	I0.4	过载保护
KM	Q4.0	接触器

4. 画 I/O 连线图

I/O 连线图如图 7-33 所示。

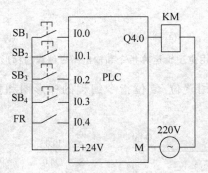

图 7-33　I/O 连线图

5. 编写程序

程序采用线性结构。

（1）图 7-34 所示为利用位逻辑运算指令和输出指令编程的梯形图和指令表。

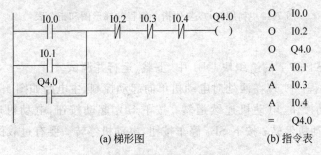

(a) 梯形图　　　　　　　　　　(b) 指令表

图 7-34　利用位逻辑运算指令和输出指令编程的梯形图和指令表

（2）图 7-35 所示为利用置位和复位指令编程的梯形图和指令表，其地址分配不变、I/O 连线图不变。

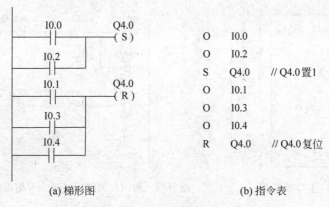

(a) 梯形图　　　　　　　　　(b) 指令表

图 7-35　利用置位和复位指令编程的梯形图和指令表

6. 调试程序

将程序写入 STEP 7 的组织块 OB1 中,下载、运行并调试。

例 7-5　编制程序实现电动机正/反转起动控制,主电路如图 4-5 所示,有互锁和过载保护。控制要求:按下正转起动按钮,电动机正向连续运转;按下反转起动按钮,电动机反向连续运转;按下停车按钮,电动机停转。

设计如下。

1. 分析控制要求

4 个开关量输入:1 个正转起动按钮,1 个反转起动按钮,1 个停车按钮,1 个过载保护。

2 个开关量输出:1 个正转接触器,1 个反转接触器。

2. 选 PLC

PLC 硬件配置如例 7-1 中的方案 1。

3. 地址分配

地址分配见表 7-13。

表 7-13　地址分配

符　号	绝　对　地　址	功　　能
SB_1	I0.0	正转按钮
SB_2	I0.1	反转按钮
SB_0	I0.2	停车按钮
FR	I0.3	过载保护
KM_1	Q4.0	正转接触器
KM_2	Q4.1	反转接触器

4. 画 I/O 连线图

I/O 连线图如图 7-36 所示。

5. 编写程序

程序采用线性结构。

(1) 图 7-37 所示为利用位逻辑运算指令和输出指令编程的梯形图。

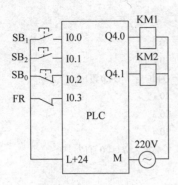

图 7-36　I/O 连线图

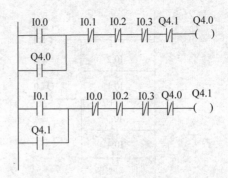

图 7-37　利用位逻辑运算指令和输出指令编程的梯形图

（2）图 7-38 所示为利用置位和复位指令编程的梯形图。

6. 调试程序

将程序写入 STEP 7 的组织块 OB1 中，下载、运行并调试。

7.3.5　触点的串/并联组合

当逻辑运算的关系比较复杂时，应先将触点串联或并联组成逻辑串，再将逻辑串进行串联或并联组合，来实现复杂的逻辑运算关系。CPU 对逻辑串的扫描顺序是先"与"后"或"。图 7-39 所示为逻辑串组合的梯形图，图 7-39（a）是触点先并后串的梯形图，图 7-39（b）是触点先串后并的梯形图。

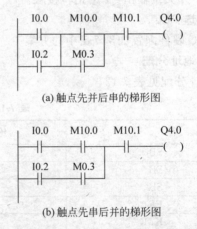

图 7-38　利用置位和复位指令编程的梯形图　　图 7-39　串/并联组合逻辑梯形图

7.4　寻址方式

操作数是指令操作或运算的对象。STEP 7 指令中的操作数除了如前面所讲的在位逻辑指令中按位进行操作以外，还可以按字节、字或双字操作。操作数可以直接给出也可以间接给出。指令得到操作数的方式称为寻址方式。

STEP 7 指令中可作为操作数的有如下几种。

(1) 常数。

(2) 状态字中的状态位。

(3) 存储器的各存储区中的单元(位、字节、字或双字)。

(4) S7-300 PLC 的各种寄存器、数据块。

(5) 功能块 FB、FC 和系统功能块 SFB、SFC。

STEP 7 指令有四种寻址方式,它们分别是:立即寻址、存储器直接寻址、存储器间接寻址和寄存器间接寻址。

7.4.1　立即寻址

在指令中直接给出了操作数,操作数本身是常数或常量,这种操作数称为立即数。这种在指令中直接给出操作数(立即数)的寻址方式称为立即寻址或立即数寻址。这是对常数或常量操作的寻址方式。有些指令没有直接给出操作数,但操作数是隐含的,并且操作对象是唯一的。例如:

```
L    12            //把整数 12 装入累加器 1 中
L    'XYZ'         //把 ASCII 码字符 XYZ 装入累加器 1 中
L    C#0010        //把 BCD 码常数 0010 装入累加器 1 中
SET               //将状态字中的状态位 RLO 位置 1
CLR               //将状态字中的状态位 RLO 位清 0
```

7.4.2　直接寻址

在指令中直接给出操作数的存储单元地址,即操作数为存储单元的内容,这种寻址方式称为直接寻址。例如:

```
L    IB10          //把输入字节 IB10 的内容装入累加器 1 的低字节
T    DBD2          //把累加器 1 中的内容(双字)传送给数据区 DBD2 的 4 个字节
A    I0.0          //对 I0.0 进行"与"逻辑操作
S    M100.0        //把位存储区的 100.0 置 1
=    M10.4         //将状态字 RLO 的值赋给位存储区 M10.4
```

7.4.3　存储器间接寻址

在指令中给出的存储单元的内容是操作数所在存储单元的地址,这个地址又被称为地址指针,这种寻址方式称为存储器间接寻址。

存储器间接寻址方式的最大优点是,在程序执行过程中,可以改变存储器的地址,这样在程序中才能实现循环控制。例如,使用存储器双字指针进行存储器间接寻址。

```
L    IB[DID2]      //将数据双字 DID2 指出的输入字节装入累加器 1
A    I[MD10]       //对由 MD10 指出的输入位进行"与"逻辑操作
O    Q[LD2]        //对由本地数据双字指出的输出位进行"或"逻辑操作
=    M[DBD5]       //将 RLO 赋值给存储位,由数据双字 DBD5 指出数据位
```

7.4.4 寄存器间接寻址

在指令中用地址寄存器给出了操作数所在存储单元的地址。地址寄存器 AR1 或 AR2 的内容加上偏移量后形成地址指针,该指针指向操作数所在的存储单元。这种寻址方式称为寄存器间接寻址。

通过地址寄存器,可以对各存储区中存储器的内容实现寄存器间接寻址。

地址寄存器存储的地址指针有两种格式,其长度均为双字。如图 7-40 所示给出了这两种格式,要注意这两种格式的差别。利用这两种格式可以进行存储区内寻址或跨区寻址。其中,第一种格式适用于在确定的存储区内寻址,即区内寄存器间接寻址。第一种地址指针格式包括被操作对象所在的存储区、存储单元地址的字节编号和位编号。而第二种格式用于存储区间接寻址,即区间寄存器间接寻址,第二种地址指针格式中包含了操作对象所在存储区的说明位(存储区域标志位),这样就可通过改变这些位,实现跨区寻址。区域标识位的组合状态见表 7-14。

31	24 23	16 15	8 7	0
×000 0rrr	0000 0bbb	bbbb bbbb	bbbb b ×××	

位31=0表明是区域内寄存器间接寻址;=1表明是区域间寄存器间接寻址。
位24、25和26(r r r):区域标识(见表7-14)
位3至18(bbbb bbbb bbbb bbbb):被寻址位的字节编号(范围0~65535)
位0至2(×××):被寻址的位编号(范围0~7)

图 7-40 寄存器间接寻址的指针格式

表 7-14 地址指针区域标识位含义

位 26、25 和 24 的二进制内容	区域标识符	存 储 区
000	P	I/O,外设 I/O
001	I	输入过程暂存区
010	Q	输出过程暂存区
011	M	位存储区
100	DBX	共享数据块
101	DIX	背景数据块
111	L	本地数据

如果要用到寄存器指针格式访问一个字节、字或双字,则必须保证指针中位地址的编号为 0。例如,使用这两种指针格式实现寄存器间接寻址。

```
L    P#8.6           //将 2#0000 0000 0000 0000 0000 0000 0100 0110 装入累加器 1
LAR1                 //将累加器 1 的内容传送至地址寄存器 1
A    I[AR1,P#0.0]    //地址寄存器 1 加偏移量结果为 2#0000 0000 0000 0000 0000
                     //0000 0100 0110,指明是对输入位 I8.6 进行"与"操作
=    Q[AR1,P#4.1]    //地址寄存器 1 加偏移量结果为 2#0000 0000 0000 0000 0000
                     //0000 01100111,指明对输出位 Q12.7 进行赋值操作
L    P#8.0           //将 2#0000 0000 0000 0000 0000 0000 0100 0000 装入累加器 1
LAR2                 //将累加器 1 的内容传送至地址寄存器 2
L    IB[AR2,P#2.0]   //将输入字节 IB 10 的内容装入累加器 1
T    MW[AR2,P#200.0] //将累加器 1 的内容传送至存储器 MW208
```

7.5 定时器

7.5.1 定时器概述

定时器是 PLC 中重要的编程元件,相当于继电器-接触器控制电路中的时间继电器。用于实现或监控时间序列。S7-300/400 PLC 提供了 5 种定时器的形式:脉冲定时器(SP);扩展定时器(SE);接通延时定时器(SD);保持型接通延时定时器(SS);断电延时定时器(SF)。

1. 定时器的组成

在 CPU 存储器的系统存储区中有一片区域为定时器区,标识符为 T。该区域用于存放定时器的定时时间和定时器状态,定时器的地址以 T 开头,后面跟着定时器的编号,如 T1、T5 等。该区域可以存放定时器的数量取决于 CPU 的类型。

一个定时器由一个 16 位的字和一个二进制位组成复合单元,定时器的字(Word)用来存放当前的定时时间,称为定时字;定时器的状态用一个二进制位来存放,称为定时器的状态位。这个状态位相当于时间继电器的线圈,又称为定时器的线圈。一个定时器的触点有无限个。

用定时器的地址(如 T1)来存取它的时间值和状态位的状态。由于定时器存储格式的特殊性,所以只有通过专用的定时器指令才能对该区域进行访问,存取定时器的定时字用操作数为字的指令,即按字访问;使用定时器的状态位用含有定时器地址的指令。

在 S7-300/400 PLC 的 CPU 中提供的定时器数量因 CPU 类型不同而有所不同。参见有关技术手册。如 CPU 315-2DP 有 256 个定时器。

S7-300 PLC 中定时器的定时字格式如图 7-41 所示,定时时间由时基和定时值两部分组成,定时时间等于时基与定时值的乘积。第 0 位到第 11 位存放二进制格式的定时值,第 12、13 位存放二进制格式的时基。这 12 位二进制代码表示的数值范围是 0～4096,实际定时时间的使用范围是 0～999。当定时器运行时,定时字按照时基(分辨率)的时间间隔不断减 1,直至减到 0 为止,定时字减到 0 表示定时时间到。定时器的状态位会随着起动信号或定时时间到而发生变化,即定时器的线圈会得电或失电,其触点会随着相应动作。

图 7-41 定时器的定时字格式(定时值 127,时基 1s)

时基和定时值可以任意组合,以得到不同的分辨率和定时时间。表 7-15 给出了可能出现的组合情况。从表中可见,时基小,则定时分辨率高,但定时时间范围窄;时基大,则定时分辨率低,但定时时间范围宽。

表 7-15　时基与定时范围

时基	时基的二进制代码	分辨率	定时范围
10ms	0　0	0.01s	10ms～9s990ms
100ms	0　1	0.1s	100ms～1min39s900ms
1s	1　0	1s	1s～16min39s
10s	1　1	10s	10s～2h46min30s

2. 定时时间的设定

在梯形图指令中,定时时间的形式为

S5T#aH_bbM_ccS_dddMS

其中,H 为小时,M 为分钟,S 为秒,MS 为毫秒;a、bb、cc、ddd 表示时间值,如 a 小时 bb 分钟 cc 秒 ddd 毫秒。

时基由系统自动选择,原则是能满足定时范围的最小时基。

在指令表指令中,当定时器起动时,操作系统会自动地将累加器 1 低字中的内容当作定时时间装入定时器的定时字中。因此在起动定时器时,用户应该先将需要设置的定时时间装入累加器 1 中,即设置定时时间。用装载指令 L 将数值装入累加器 1,但累加器 1 低字中的数据应符合图 7-41 所示的格式。为避免格式错误,应采用指令表指令如下:

L　W#16#wxyz

其中,w、x、y、z 均为十进制数。w 为时基,取值为 0、1、2 或 3,分别表示时基为 10ms、100ms、1s 或 10s;xyz 为定时值,取值范围为 1～999。

也可以直接装入定时时间。定时时间按照"S5T#aH_bbM_ccS_dddMS"中的时间格式表示,例如:

L　S5T#aH_bbM_ccS_dddMS

其中,H 为小时,M 为分钟,S 为秒,MS 为毫秒。a、bb、cc、ddd 表示时间值,如 a 小时 bb 分钟 cc 秒 ddd 毫秒。

例如,L S5T#1H20M30S80MS 表示定时时间是 1 小时 20 分钟 30 秒 80 毫秒。

7.5.2　定时器的种类和定时器的特点

S7-300 PLC 中的定时器与继电器-接触器控制中时间继电器的工作特点相似,在使用时间继电器时,要为其设置定时时间,还要起动时间继电器的线圈。当时间继电器的线圈得电后,时间继电器开始工作,它的触点动作;或当定时时间到,时间继电器的触点动作,即触点延时动作。当时间继电器的线圈失电时,它的触点恢复常态,即常开触点断开,常闭触点闭合。实现对电路的控制。

起动定时器的信号为脉冲的正跳沿,定时器的定时时间和定时器的状态位变化因定时器的种类不同而不同。定时器复位是定时值清 0,状态位为 0,它的触点恢复常态。定时器复位可以用脉冲信号的负跳沿,也可以用复位指令。不同种类的定时器,复位的信号不同。5 种定时器定时工作的特点如下。

1. 脉冲定时器 SP(S-PULSE)

脉冲定时器 SP 的工作特点如图 7-42 所示。

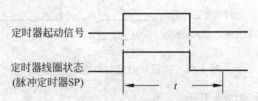

图 7-42　脉冲定时器定时的特点

(1) 起动信号为脉冲的上升沿。

(2) 起动定时器时,定时器立即开始计时。

(3) 定时器起动时,定时器的状态位为 1,即定时器的线圈立即得电,触点立即动作。

(4) 当定时器计时时间到,定时值为 0,状态位也为 0。

(5) 在定时时间未到时,可以用复位指令将定时器复位;或当起动信号下降沿到来时,定时器复位。

(6) 当起动信号与复位信号同时到来时,复位信号优先。

2. 扩展脉冲定时器 SE(S-PEXT)

扩展脉冲定时器的工作特点如图 7-43 所示。

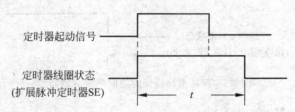

图 7-43　扩展脉冲定时器定时的特点

(1) 起动信号为脉冲的上升沿。

(2) 起动定时器时,定时器立即开始计时。

(3) 定时器起动时,定时器的状态位立即为 1,即定时器的线圈立即得电,触点随之动作,即常开触点闭合,常闭触点断开。

(4) 定时器计时时间到,定时值为 0,状态位也为 0。

(5) 定时时间未到时,可以用复位指令将定时器复位。

(6) 当起动信号与复位信号同时到来时,复位信号优先。

当定时时间未到时,如果有新的起动信号脉冲的上升沿到来时,定时器将重新起动,并重新开始计时,即定时器的线圈仍然得电,定时器的状态位继续为 1,利用这个特点,可以延长定时时间。

当起动信号脉冲下降沿到来时,对扩展脉冲定时器没有复位作用。

3. 接通延时定时器 SD(S-ODT)

接通延时定时器的工作特点如图 7-44 所示。

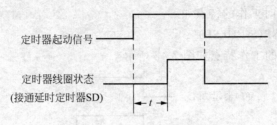

图 7-44 接通延时定时器定时的特点

（1）起动信号为脉冲的上升沿。

（2）起动定时器时，定时器立即开始计时。

（3）定时器起动时，定时器的状态位不变，即定时器的线圈未得电，触点不动作。

（4）当定时时间到，定时值为 0，状态位也为 1，即定时器的线圈得电，它的触点动作。

（5）定时时间未到时，可以用复位指令将定时器复位，定时值为 0，状态位仍为 0，状态位没来得及变 1；或当起动信号下降沿到来时，状态位为 0。

（6）当起动信号与复位信号同时到来时，复位信号优先。

4. 保持型接通延时定时器 SS(S-ODTS)

保持型接通延时定时器的工作特点如图 7-45 所示。

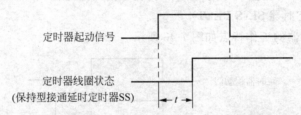

图 7-45 保持型接通延时定时器定时的特点

（1）起动信号为脉冲的上升沿。

（2）起动定时器时，定时器立即开始计时。

（3）定时器起动时，定时器的状态位不变，即定时器的线圈未得电，触点不动作。

（4）当定时时间到时，定时值为 0，状态位也为 0，即定时器的线圈得电，它的触点动作。

（5）在定时时间未到时，可以用复位指令将定时器复位，定时值为 0，状态位仍为 0，状态位没来得及变 1；或当起动信号下降沿到来，状态位为 0。

（6）当起动信号与复位信号同时到来时，复位信号优先。

注意：当定时时间未到时，如果有新的起动信号脉冲的上升沿到来时，定时器将重新起动，并重新开始计时，定时器的状态位继续为 0，即定时器的线圈仍然不能得电，它的触点保持原态，利用这个特点，可以延长定时时间。

当起动信号脉冲下降沿到来时，对扩展脉冲定时器没有复位作用。

5. 断电延时定时器 SF(S-OFFDT)

断电延时定时器定时的工作特点如图 7-46 所示。

（1）起动信号为脉冲的上升沿。

（2）起动定时器时，定时器不计时。

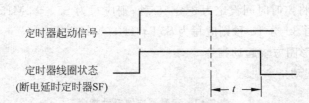

图 7-46　断电延时定时器定时的特点

（3）定时器起动时，定时器的状态位立即为1，即定时器的线圈得电，触点动作。

（4）当起动信号下降沿到来时，即断电时，定时器开始计时。

（5）当定时时间到时，状态位为0，即定时器的线圈失电，触点恢复常态。

（6）可以用复位指令将定时器复位，定时值为0，状态位仍为0。

（7）当起动信号与复位信号同时到来时，复位信号优先。

7.5.3　定时器起动指令（Timers）

定时器起动指令种类比较多，有梯形图指令、指令表指令和功能块图指令。其中，梯形图指令中还分线圈指令和方块图指令，功能块图指令也分两种，有方块图指令和功能块图指令。本小节介绍的定时器起动指令的梯形图指令。

1．定时器线圈起动指令和指令表起动指令

定时器梯形图线圈起动指令和指令表起动指令见表 7-16。

表 7-16　定时器梯形图线圈起动指令和指令表起动指令

LAD 起动指令	STL 起动指令	功　能
T no. —(SP) S5T#aH_bbM_ccS_dddMS	SP T no.	起动脉冲定时器
T no. —(SE) S5T#aH_bbM_ccS_dddMS	SE T no.	起动扩展脉冲定时器
T no. —(SD) S5T#aH_bbM_ccS_dddMS	SD T no.	起动接通延时定时器
T no. —(SS) S5T#aH_bbM_ccS_dddMS	SS T no.	起动保持型接通延时定时器
T no. —(SF) S5T#aH_bbM_ccS_dddMS	SF T no. FR T no.	起动断电延时定时器，再起动定时器

注：（1）no. 为定时器编号，因 CPU 不同而不同，见技术手册。

（2）时间值的数据类型为 S5TIME。

（3）H、M、S 和 MS 为时间的单位，如 H 表示小时，M 表示分钟，S 表示秒，MS 表示毫秒；a、bb、cc、ddd 表示时间值，如 a 小时 bb 分钟 cc 秒 ddd 毫秒。

例如,如果要将定时时间设定为 3 分 15 秒,则应写为 S5T♯3M15S。又如要将定时时间设定为 1 小时 30 分 15 秒则应写为 S5T♯1H30M15S。

2. 定时器梯形图方块起动指令

定时器方块起动指令见表 7-17。

表 7-17 定时器方块起动指令

脉冲定时器 （SP）	扩展脉冲定时器 （SE）	接通延时定时器 （SD）	保持型接通延 时定时器（SS）	断电延时定时器 （SF）
T no. S_PULSE S Q TV BI R BCD	T no. S_PEXT S Q TV BI R BCD	T no. S_ODT S Q TV BI R BCD	T no. S_ODTS S Q TV BI R BCD	T no. S_OFFDT S Q TV BI R BCD

参数	数据类型	存 储 区	说 明
no.	INT	T	定时器编号,范围与 CPU 有关
S	BOOL	I、Q、M、D、L	起动输入端
TV	S5TIME	I、Q、M、D、L	预置时间值(范围：0～999)
R	BOOL	I、Q、M、D、L	复位输入端
Q	BOOL	I、Q、M、D、L	定时器状态
BI	WORD	I、Q、M、D、L	当前运行时间值(整数格式)
BCD	WORD	I、Q、M、D、L	当前运行时间值(BCD 格式)

S7-300 PLC 中的定时器不仅功能强,而且类型多。定时器的指令比较多,除表 7-16 中所示以外,定时器还增加了一些功能,如随时复位定时器、随时重置定时时间(定时器再起动)、查看当前剩余定时时间等。

7.5.4 定时器指令的用法

本小节以梯形图线圈指令和方块图指令为主介绍定时器的使用方法。

1. 脉冲定时器(SP)

1) 脉冲定时器用法的梯形图和指令表

脉冲定时器用法的梯形图和指令表如图 7-47 所示。

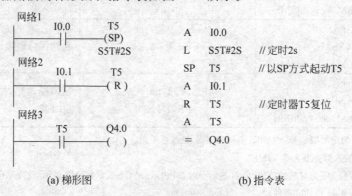

(a) 梯形图   (b) 指令表

图 7-47 脉冲定时器用法的梯形图和指令表指令

2）脉冲定时器（SP）用法的方块图

脉冲定时器用法的方块图如图 7-48 所示。

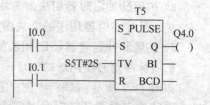

如果 I0.0 有正跳沿到来，则起动脉冲定时器
T5，定时时间为 2s，定时器立即开始计时，定时器的
状态位为 1，即定时器的线圈得电，其触点动作，常开
触点 T5 闭合，使输出 Q4.0 为 1。

图 7-48 脉冲定时器用法的方块图

当定时时间到时，脉冲定时器复位，定时字清 0，
定时器的状态位为 0，即脉冲定时器的线圈失电，触点恢复常态，常开触点 T5 断开，则输
出 Q4.0 为 0。

在定时时间未到时，只要 I0.0 为 1，则脉冲定时器的状态位就保持 1，即脉冲定时器
的线圈保持得电，其常开触点 T5 也保持闭合，使输出 Q4.0 的状态保持为 1。

若使脉冲定时器 T5 复位，一是 I0.0 由 1 变为 0（下降沿）；二是 I0.1 由 0 变为 1（上
升沿），即为接通延时定时器 T5 加复位信号。定时器被复位，使定时字清 0，定时器的状
态位为 0，即定时器的线圈失电，触点恢复常态，其常开触点 T5 断开。因此，使输出 Q4.0
为 0。时序如图 7-49 所示。

3）脉冲定时器（SP）用法的时序图

脉冲定时器用法的时序图如图 7-49 所示。

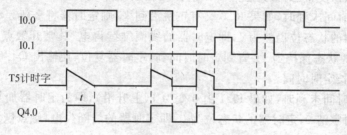

图 7-49 脉冲定时器用法的时序图

2. 扩展脉冲定时器（SE）

1）扩展脉冲定时器用法的梯形图和指令表

扩展脉冲定时器用法的梯形图和指令表如图 7-50 所示。

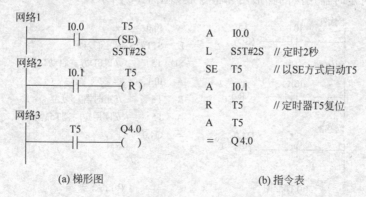

图 7-50 扩展脉冲定时器用法的梯形图和指令表

2）扩展脉冲定时器用法的方块图

扩展脉冲定时器用法的方块图如图 7-51 所示。

3）扩展脉冲定时器（SE）用法的时序图

扩展脉冲定时器用法的时序图如图 7-52 所示。

如图 7-52 所示，如果 I0.0 有正跳沿到来，则起动扩展脉冲定时器 T5，定时时间为 2s，定时器立即开始计时，定时器的状态位为 1，即定时器的线圈得电，触点动作，其常开触点 T5 闭合，使输出 Q4.0 为 1。

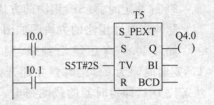

图 7-51　扩展脉冲定时器用法的方块图

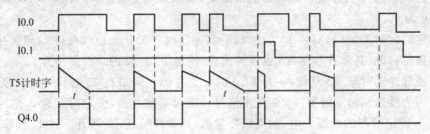

图 7-52　扩展脉冲定时器用法的时序图

当定时时间到，扩展脉冲定时器复位，定时字清 0，定时器的状态位为 0，即定时器的线圈失电，触点恢复常态，常开触点 T5 断开，使输出 Q4.0 为 0。

若在定时时间未到时，如果 I0.0 又有正跳沿到来，则定时器将重新起动，并且重新开始计时，定时器的状态位仍然为 1，即定时器的线圈继续得电，其常开触点 T5 保持闭合，使输出 Q4.0 的状态保持为 1；直到定时时间到，定时器复位，使输出 Q4.0 为 0。利用这个特点可以延长定时时间。

若在定时时间未到时，如果 I0.1 由 0 变为 1（上升沿），即为定时器加复位信号，使定时器复位，定时字清 0，定时器的状态位为 0，即定时器的线圈失电，触点恢复常态，常开触点 T5 断开，使输出 Q4.0 为 0。

I0.0 由 1 变为 0（下降沿），对扩展脉冲定时器没有复位作用。

3. 接通延时定时器（SD）

1）接通延时定时器用法的梯形图和指令表

接通延时定时器用法的梯形图和指令表如图 7-53 所示。

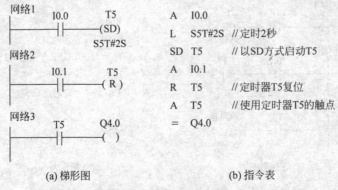

(a) 梯形图　　　　　　　　　　(b) 指令表

图 7-53　接通延时定时器用法的梯形图和指令表

2）接通延时定时器用法的方块图

接通延时定时器用法的方块图如图 7-54 所示。

3）接通延时定时器（SD）用法的时序图

接通延时定时器用法的时序图如图 7-55 所示。

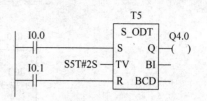

图 7-54　接通延时定时器用法的方块图

如果 I0.0 有正跳沿到来，则起动接通延时定时器 T5，定时时间为 2s，定时器立即开始计时。但是，定时器的状态位仍为 0，即定时器的线圈并不立即得电，触点不动作，其常开触点 T5 也不立即闭合。因此，输出 Q4.0 为 0。

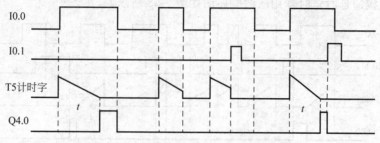

图 7-55　接通延时定时器用法的时序图

直到定时时间到来时，定时字清 0，定时器的状态位变为 1，即定时器的线圈才得电，触点动作，其常开触点 T5 闭合，使输出 Q4.0 为 1。在这种情况下，只要 I0.0 为 1，接通延时定时器的状态位保持为 1，即定时器的线圈继续得电，其常开触点 T5 就保持闭合，使输出 Q4.0 的状态保持为 1。

若要使接通延时定时器复位，一是 I0.0 由 1 变为 0（下降沿）；二是 I0.1 由 0 变为 1（上升沿），即为定时器加复位信号。定时器被复位，定时字清 0，定时器的状态位为 0，触点恢复常态，其常开触点 T5 断开。因此，使输出 Q4.0 为 0。时序如图 7-55 所示。

4. 保持型接通延时定时器（SS）

1）保持型接通延时定时器用法的梯形图和指令表

保持型接通延时定时器用法的梯形图和指令表如图 7-56 所示。

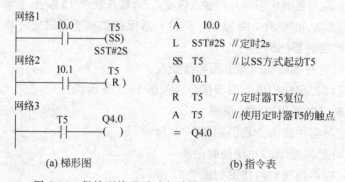

(a) 梯形图　　　　　　　　　　(b) 指令表

图 7-56　保持型接通延时定时器用法的梯形图和指令表

2）保持型接通延时定时器用法的方块图

保持型接通延时定时器用法的方块图如图 7-57 所示。

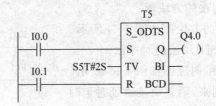

图 7-57　保持型接通延时定时器用法的方块图

3）保持型接通延时定时器(SS)用法的时序图

保持型接通延时定时器用法的时序图如图 7-58 所示。

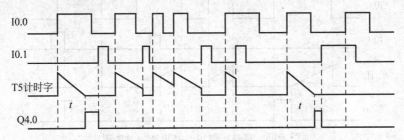

图 7-58　保持型接通延时定时器用法的时序图

如图 7-58 所示,如果 I0.0 有正跳沿到来,则起动保持型接通延时定时器 T5,定时时间为 2s,并立即开始计时,但是定时器的状态位为 0,定时器的线圈并不立即得电,其常开触点 T5 也不立即闭合。因此,输出 Q4.0 为 0。

直到定时时间到,定时字清 0,定时器的状态位才变为 1,这时定时器的线圈才得电,其触点动作,常开触点 T5 闭合,使输出 Q4.0 为 1。

若定时时间未到,如果 I0.0 又有正跳沿到来,则定时器 T5 重新起动,且定时器重新开始计时,定时器的状态位仍为 0,定时器的线圈依然不得电,其触点仍为常态,常开触点 T5 也不闭合。因此,输出 Q4.0 继续为 0。利用这个特点可以延长定时时间。

若使保持型接通延时定时器复位,应当使 I0.1 由 0 变为 1(上升沿),即为定时器加复位信号,使定时字清 0,定时器的状态位为 0,触点恢复常态,常开触点 T5 断开,使输出 Q4.0 为 0。

当起动信号脉冲 I0.0 由 1 变为 0(下降沿),对保持型接通延时定时器没有复位作用。

5. 断电延时定时器(SF)

1）断电延时定时器用法的梯形图和指令表

断电延时定时器用法的梯形图和指令表如图 7-59 所示。

2）断电延时定时器用法的方块图

断电延时定时器用法的方块图如图 7-60 所示。

3）断电延时定时器(SF)用法的时序图

断电延时定时器用法的时序图如图 7-61 所示。

如图 7-61 所示,如果 I0.0 有正跳沿到来,则起动断电延时定时器 T5,定时时间为 2s,但并不立即开始计时,定时器的状态位为 1,定时器的线圈立即得电,其触点动作,常开触点 T5 也立即闭合。因此,输出 Q4.0 为 1。

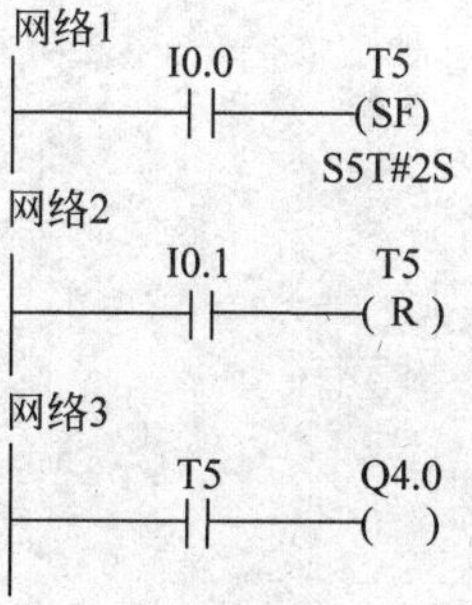

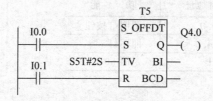

(a) 梯形图

```
A    I0.0
L    S5T#2S    // 定时2s
SF   T5        // 以SF方式起动T5
A    I0.1
R    T5        // 定时器T5复位
A    T5        // 使用定时器T5的触点
=    Q4.0
```

(b) 指令表

图 7-59　断电延时定时器用法的梯形图和指令表

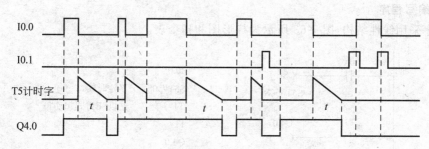

图 7-60　断电延时定时器用法的方块图

图 7-61　断电延时定时器用法的时序图

当起动信号脉冲 I0.0 由 1 变为 0(下降沿)，即起动信号断电时，定时器开始计时。当定时时间到，定时器 T5 自动复位，定时字清 0，定时器的状态位为 0，触点恢复常态，常开触点 T5 断开，使输出 Q4.0 为 0。

当定时时间未到，I0.0 又有正跳沿到来时，定时字清 0，定时器的状态位仍为 1，定时器的线圈继续得电，其触点保持原态，常开触点 T5 仍闭合，输出 Q4.0 的状态保持 1。

当 I0.0 由 0 变为 1(上升沿)，为定时器加复位信号，使断电延时定时器复位，定时字清 0，定时器的状态位为 0，触点恢复常态，常开触点 T5 断开，使输出 Q4.0 为 0。

7.5.5　定时器应用举例

例 7-6　设计一个照明灯控制程序。控制要求：按下按钮，灯亮 50s，如果这段时间内又有人按下按钮，灯再亮 50s，即最后一次按下按钮后，灯可维持 50s 照明。

设计如下。

1. 分析控制要求

一个输入开关量(数字输入)：照明灯按钮。

一个输出开关量(数字输出):照明灯。

2. 选择 PLC

PLC 硬件配置如例 7-1 中的方案 1。

3. 地址分配

地址分配见表 7-18。

4. 画 I/O 连线图

I/O 连线图如图 7-62 所示。

表 7-18　地址分配

符　　号	绝对地址	功　　能
SB	I0.0	照明灯按钮
HL	Q4.0	照明灯
T1	T1	定时 50s

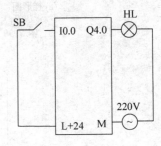

图 7-62　I/O 连线图

5. 编写程序

程序采用线性结构,图 7-63 所示为梯形图和指令表。

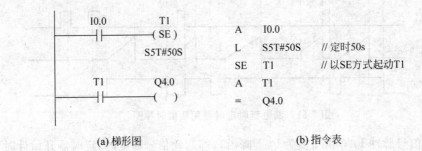

A I0.0	
L S5T#50S	// 定时50s
SE T1	// 以SE方式起动T1
A T1	
= Q4.0	

(a) 梯形图　　　　　　　　　　　(b) 指令表

图 7-63　梯形图和指令表

6. 调试程序

将程序写入 STEP 7 的组织块 OB1 中,下载、运行并调试。

例 7-7　用定时器构成脉冲发生器。这里用了两个定时器产生频率占空比均可设置的脉冲信号。图 7-64 所示为脉冲发生器的时序图,当输入 I0.0 为 1 时,输出 Q4.0 为 1 或 0 交替进行,脉冲信号的周期为 3s,脉冲宽度为 1s。

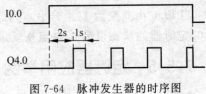

图 7-64　脉冲发生器的时序图

设计如下。

1. 分析控制要求

一个开关量(数字量)输入:开关。

一个开关量(数字量)输出:指示灯。

2．选择 PLC

PLC 硬件配置如例 7-1 中的方案 1。

3．地址分配

地址分配见表 7-19。

4．画 I/O 连线图

I/O 连线图如图 7-65 所示。

表 7-19　地址分配

符　　号	绝对地址	功　能
SB	I0.0	输入
HL	Q4.0	输出
T1	T1	定时 1s
T2	T2	定时 2s

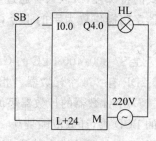

图 7-65　I/O 连线图

5．编写程序

程序采用线性结构，图 7-66 所示为梯形图和指令表。

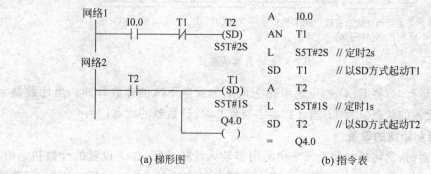

(a) 梯形图　　　　　　　　(b) 指令表

图 7-66　梯形图和指令表

6．调试程序

将程序写入 STEP 7 的组织块 OB1 中，下载、运行并调试。

7.6　计数器

S7-300 PLC 中的计数器用于对 RLO 正跳沿(上升沿)计数。计数器有三种类型：加计数器(S_CU)、减计数器(S_CD)、可逆计数器(S_CUD)。

7.6.1　计数器概述

1．计数器的组成

在 CPU 存储器的系统存储区中有一片区域为计数器区，标识符为 C。该区域用于存放计数器的计数值和计数器的状态，计数器的地址以 C 开头，后面跟着计数器的编号 no.，如 C1、C12,该区域可以存放计数器的数量取决于 CPU 的类型。请参见有关技术手册。

一个计数器由一个 16 位的字和一个二进制位组成复合单元,计数器的字(2B)用来存放当前的计数值,称为计数器字;计数器的状态用一个二进制位存放,称为计数器的状态位。这个状态位相当于计数器的线圈,所以又称为计数器的线圈。理论上一个计数器的触点有无限个。

用计数器的地址(如 C1)来存取它的计数器值和计数器的状态位。由于计数器存储格式的特殊性,所以只有通过专用的计数器指令才能对该区域进行访问,存取计数器的计数器字用操作数为字的指令,即按字访问;存取计数器的状态位用含有计数器地址的指令。

在 S7-300/400 PLC 的 CPU 中提供的计数器数量因 CPU 类型不同而不同,如 CPU 315-2DP 有 256 个计数器。相关知识请参见有关技术手册。

S7 中计数器的计数器字的格式如图 7-67 所示,计数器字中的第 0～11 位表示计数值的 BCD 码,计数范围是 0～999。计数器有向上和向下计数的功能,当向上加计数达到上限 999 时,停止向上计数。当向下减计数到达下限 0 时,停止向下计数。当给计数器设置初值时,累加器 1 低字中的内容被装入计数器字,作为计数器字的初始值。

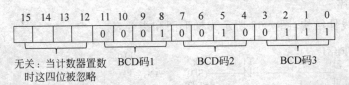

图 7-67　计数器的格式

当计数器运行时,将 RLO 的正跳沿作为向上加或向下减的计数脉冲。当计数器字不为 0 时,计数器的状态位为 1;当计数器字减到 0 时,计数器的状态位为 0。

2. 计数器初始值的设置

起动计数器时,就将累加器 1 低字中的内容装入计数器字,作为设置的计数初始值。计数器的计数值将以此为初始值增加或减小。可以用多种方式为累加器 1 置数,但要确保累加器 1 低字符合图 7-76 规定的格式。

在梯形图指令中,用计数值格式为 C♯nnn 设置初始值。

在指令表指令中,用装载指令 L C♯nnn、L C no. 或 LC C no. 等设置初始值。

7.6.2　计数器种类和计数特点

S7-300 PLC 中有三种计数器:加计数计数器、减计数计数器和可逆计数计数器。

计数器对 RLO 正跳沿进行计数,从设置的初始值开始做加或减计数,计数范围为 0～999。起动计数器后,当计数值大于 0 时,则计数器的状态位为 1,其触点动作,它的输出端 Q 为 1;当计数值为 0 时,计数器的状态位为 0,其触点恢复常原态,它的输出端 Q 为 0。

可以用复位指令 R 使计数器复位。计数器被复位时,其计数器字被清 0,计数器的状态位为 0,计数器输出 Q 状态也为 0。

7.6.3 计数器指令（Counter）

计数器的起动指令种类比较多，有梯形图指令、指令表指令和功能块图指令。其中，梯形图指令中还分线圈指令和方块指令；功能块图指令也分两种，有方块指令和功能块图指令。本小节介绍的计数器起动指令以梯形图指令为主。

1. 计数器梯形图线圈起动指令和指令表起动指令

表 7-20 所示为计数器起动指令。

表 7-20 计数器起动指令

LAD 指令	STL 指令	功　能
C no. —(SC) C＃nnn	S C no.	计数器置初始值
C no. —(CU)	CU C no.	加计数
C no. —(CD)	CD C no.	减计数
	FR C no.	允许计数器再起动

注：nnn 为计数器的初始值，取值范围 0～999；no. 为整数，范围由 CPU 而定，可查技术手册。

2. 计数器方块图指令

表 7-21 所示为计数器的方块指令。

表 7-21 计数器方块指令

可逆计数器(S_CUD)	加计数器(S_CU)	减计数器(S_CD)
Cno. S_CUD —CU　Q— —CD —S　CV— —PV CV_BCD— —R	Cno. S_CU —CU　Q— —S —PV　CV— 　CV_BCD— —R	Cno. S_CD —CD　Q— —S —PV　CV— 　CV_BCD— —R

参　　数	数据类型	存　储　区	说　　明
no.	INT	C	计数器标识号，范围与 CPU 有关
CU	BOOL	I、Q、M、D、L	加计数输入
CD	BOOL	I、Q、M、D、L	减计数输入
S	BOOL	I、Q、M、D、L	计数器预置输入
PV	WORD	I、Q、M、D、L	计数初始值输入(BCD 码 0～999)
R	BOOL	I、Q、M、D、L	复位输入端
Q	BOOL	I、Q、M、D、L	计数器状态输出
CV	WORD	I、Q、M、D、L	当前计数值输出(整数格式)
CV_BCD	WORD	I、Q、M、D、L	当前计数值输出(BCD 格式)

7.6.4 计数器指令的用法

1. 加计数器（CU，Up Counter）

1）加计数器用法

加计数器线圈指令用法的梯形图和指令表如图7-68所示。

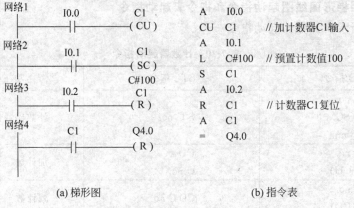

A I0.0	
CU C1	// 加计数器C1输入
A I0.1	
L C#100	// 预置计数值100
S C1	
A I0.2	
R C1	// 计数器C1复位
A C1	
= Q4.0	

(a) 梯形图   (b) 指令表

图7-68 加计数器用法的梯形图和指令表

2）加计数器用法的方块图指令

加计数器用法的方块图指令及时序图如图7-69所示。

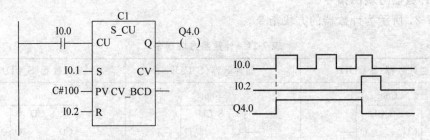

图7-69 加计数器方块图的用法和时序图

如图7-69所示，当I0.1为1时，加计数器C1设置初始值为100，因计数器字值大于0，则计数器的状态位为1，即输出Q为1，使输出Q4.0为1；当I0.0的信号状态由0变为1（上升沿）时，即RLO也为上升沿，使计数值增1；当CPU检测到I0.2为1时，将加计数器复位，使计数器字清零，计数器的状态位为0，触点恢复常态，即常开触点Q断开，使输出Q4.0为0。

2. 减计数器（CD，Down Counter）

1）减计数器用法的梯形图和指令表

减计数器用法的梯形图和指令表如图7-70所示。

2）减计数器用法的方块图

减计数器用法的方块图和时序图如图7-71所示。

当I0.1为1时，减计数器C1设置初始值为10，因计数器字值大于0，则使减计数器C1的状态位为1，即常开触点Q闭合，使输出Q4.0为1；当I0.0由0变成1（上升沿）时，

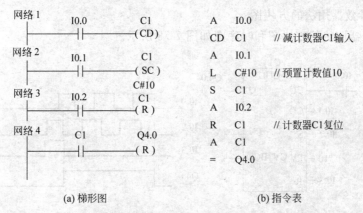

(a) 梯形图　　　　　　　　　　　(b) 指令表

图 7-70　减计数器用法的梯形图和指令表

RLO 状态也由 0 变成 1(上升沿),使计数器字值减 1;当计数器字值减到 0 时,计数器复位,计数器字清零,计数器的状态位为 0,触点恢复常态,即常开触点 Q 断开,使输出 Q4.0 为 0。当 I0.2 为 1 时,减计数器复位,计数器字清零,计数器的状态位为 0,触点恢复常态,即常开触点 Q 断开,使输出 Q4.0 为 0。

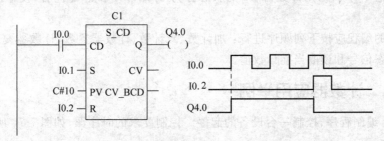

图 7-71　减计数器用法的方块图和时序图

3. 可逆计数器(CUD,Up-Down Counter)

1) 可逆计数器用法的梯形图和指令表

可逆计数器用法的梯形图和指令表如图 7-72 所示。

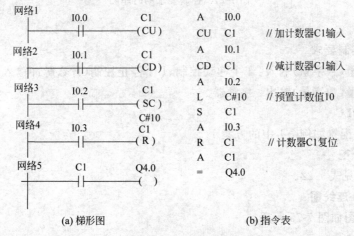

(a) 梯形图　　　　　　　　　　　(b) 指令表

图 7-72　可逆计数器用法的梯形图和指令表

2）可逆计数器用法的方块图

可逆计数器用法的方块图和时序图如图 7-73 所示。

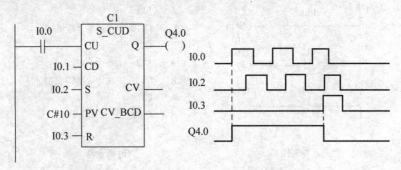

图 7-73　可逆计数器用法的方块图和时序图

输入 I0.0 的正跳沿使计数器 C1 的计数器字的值增加；输入 I0.1 的正跳沿使计数器字的值减少；当 I0.2 为 1 时，设置初始值为 10；当 I0.3 为 1 时，计数器被复位，其计数器字被清 0，计数器的状态位为 0，触点恢复常态，即常开触点 Q 断开，使输出 Q4.0 为 0。计数器字的值不等于 0，则计数器 C1 的状态位为 1，即常开触点 Q 闭合，使输出 Q4.0 也为 1。

计数器的编程应按下列顺序进行：加计数、减计数、计数器置数、计数器复位、使用计数器输出状态信号和读取当前计数值。

7.6.5　计数器应用举例

例 7-8　编制程序，控制一台设备的起停。控制要求的时序图，如图 7-74 所示。

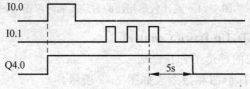

图 7-74　控制要求的时序图

设计如下。

1. 分析控制要求

2 个开关量（数字量）输入：1 个起动控制、1 个停止控制（计数脉冲输入）。

1 个开关量（数字量）输出：接触器。

2. 选择 PLC

PLC 硬件配置如例 7-1 中的方案 1。

3. 地址分配

地址分配见表 7-22。

4. 画 I/O 连线图

I/O 连线图如图 7-75 所示。

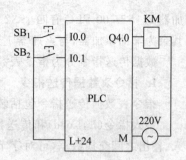

表 7-22　地址分配

符　号	绝对地址	功　能
SB₁	I0.0	起动控制
SB₁	I0.1	停止控制
KM	Q4.0	接触器
T1	T2	定时 5s

图 7-75　I/O 连线图

5. 编写程序

程序采用线性结构,如图 7-76 所示为梯形图和指令表。

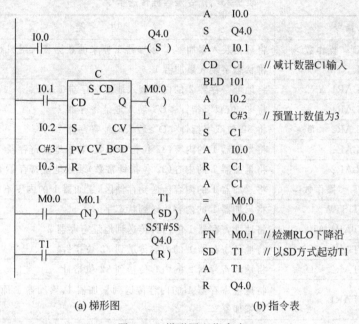

```
A    I0.0
S    Q4.0
A    I0.1
CD   C1        // 减计数器C1输入
BLD  101
A    I0.2
L    C#3       // 预置计数值为3
S    C1
A    I0.0
R    C1
A    C1
=    M0.0
A    M0.0
FN   M0.1      // 检测RLO下降沿
SD   T1        // 以SD方式起动T1
A    T1
R    Q4.0
```

(a) 梯形图　　　　　　　　　　　　(b) 指令表

图 7-76　梯形图和指令表

6. 调试程序

将程序写入 STEP 7 的组织块 OB1 中,下载、运行并调试。

7.7　数据处理指令

数据处理指令包括数据传送指令、比较指令和数据类型转换指令,可以按字节、字和双字访问存储区。处理的数据类型包括所有基本数据类型以及常数。

7.7.1　数据传送指令

累加器是 CPU 中的专用寄存器,数据的传送与变换通过累加器进行,而不是直接在存储区中进行。S7-300 PLC 的 CPU 有两个 32 位的累加器,一个是累加器 1,另一个是累加器 2。S7-400 PLC 有四个 32 位的累加器,累加器 1～累加器 4,累加器 1 是主累加器,其余为辅助累加器,与累加器 1 进行运算的数据存储在累加器 2 中。

数据传送指令分为指令表数据传送指令和梯形图传送指令。

1. 指令表数据传送指令

指令表数据传送指令包括装入指令(L)和传送指令(T)。

装入指令(L,Load)和传送指令(T,Transfer)可以在存储区之间或存储区与过程输入、输出之间交换数据,可对字节(8 位)、字(16 位)、双字(32 位)数据进行操作。操作数有三种寻址方式,有立即寻址、直接寻址和间接寻址。CPU 执行这些指令不受逻辑操作结果 RLO 的影响。与状态位无关,也不会影响状态位。指令表数据传送指令如表 7-23 所示。

表 7-23 指令表数据传送指令

STL 指令		功　能
装入指令 L	L <操作数>	将数据装入累加器 1,累加器 1 原来的数据装入累加器 2
	L STW	将状态字装入累加器 1
	LAR1 AR2	将地址寄存器 2 的内容装入地址寄存器 1
	LAR1	将 32 位双字指针<D>装入地址寄存器 1
	LAR2 <D>	将 32 位双字指针<D>装入地址寄存器 2
	LAR1	将累加器 1 的内容(32 位指针常数)装入地址寄存器 1
	LAR2	将累加器 1 的内容(32 位指针常数)装入地址寄存器 2
传送指令 T	T <操作数>	将累加器 1 的内容传送到存储区,累加器 1 的内容不变
	T STW	将累加器 1 的内容传送到状态字
	TAR1 AR2	将地址寄存器 1 的内容传送到地址寄存器 2
	TAR1 <D>	将地址寄存器 1 的内容传送到 32 位指针
	TAR2 <D>	将地址寄存器 2 的内容传送到 32 位指针
	TAR1	将地址寄存器 1 的内容传送到累加器 1,累加器 1 原来的内容保存到累加器 2
	TAR2	将地址寄存器 2 的内容传送到累加器 1,累加器 1 原来的内容保存到累加器 2
	CAR	交换地址寄存器 1 和地址寄存器 2 中的数据

例如,装入指令(L)和传送指令(T)的用法如下。

(1) 对累加器 1 的装入指令和传送指令。

```
L+5          //将立即数 5 装入累加器 1 中
L MW2        //将位存储区字单元 MW2 中的数值装入累加器 1 低字
T MW10       //将累加器 1 低字的内容传送到位存储区 MW10 中
```

(2) 对状态字的装入指令和传送指令

```
L STW        //将状态字中 0～8 位装入累加器 1 中,累加器 9～31 位被清 0
T STW        //将累加器 1 中低字的内容传送到状态字中
```

S7-300 PLC 不能用 L STW 指令装入状态字中的 FC、STA 和 OR 位。

（3）对地址寄存器的装入指令和传送指令。

对于地址寄存器，可以不经过累加器 1 而直接将操作数装入或传送，或将两个地址寄存器的内容直接进行交换。指令的用法如下。

```
LAR1                //将累加器 1 的内容(32 位指针常数)装入 AR1
LAR2 P#8.0          //将二进制数 2#00000000000000000000000000100000 装入 AR2
CAR                 //交换 AR1 和 AR2 的内容
LAR1 P#M10.0        //将位存储区 M10.0 的地址指针装入 AR1
LAR1 AR2            //将 AR2 的内容装入 AR1
TAR1 AR2            //将 AR1 的内容传送至 AR2
TAR2                //将 AR2 的内容传送至累加器 1
TAR1 MD10           //将 AR1 的内容传送至存储区双字 MD10
```

（4）装入时间值或计数值指令。

定时器的定时字中的剩余时间值以二进制格式保存，可以用 L 指令从定时字中读出二进制时间值装入累加器 1 中，称为直接装载。定时字中的剩余时间值也以 BCD 码格式保存，可用 LC 指令以 BCD 码格式读出时间值，装入累加器 1 低字中，称为 BCD 码格式读出时间值。以 BCD 码格式装入时间值可以同时获得时间值和时基，时基与时间值相乘就得到定时剩余时间。同理，对计数器字中计数器字当前的计数值可以直接装载，也可以 BCD 码格式读出。例如：

```
L  T5               //将定时器 T5 中二进制格式的时间值直接装入累加器 1 的低字中
LC T5               //将定时器 T5 的时间值和时基以 BCD 码格式装入累加器 1 的低字中
L  C5               //将计数器 C5 的二进制格式的计数值直接装入累加器 1 的低字中
LC C5               //将计数器 C5 中的计数值以 BCD 码格式装入累加器 1 的低字中
```

2. 梯形图传送指令

梯形图传送指令（MOVE）用于为变量赋值，可以传送数据的长度为 8 位、16 位或 32 位，可传送的数据类型包括所有基本数据类型及常数，是一种方块图指令（MOVE），如表 7-24 所示。

表 7-24　传送方块指令

LAD 方块指令	参数	数据类型	存储区	说明
	EN	BOOL	I,Q,M,D,L	允许输入
MOVE EN　ENO IN　OUT	ENO	BOOL	I,Q,M,D,L	允许输出
	IN	8、16、32 位长的所有数据类型	I,Q,M,D,L	源操作数（可为常数）
	OUT	8、16、32 位长的所有数据类型	I,Q,M,D,L	目的操作数

如果允许输入端 EN 为 1，就执行传送（MOVE）操作，使输出 OUT 等于输入 IN，并使 ENO 为 1；如果 EN 为 0，则不进行传送操作，并使 ENO 为 0。ENO 总保持与 EN 相同的信号状态。

注：用方块图传送指令 MOVE 不能传送用户自定义的数据类型，如数组或结构等。若要传送用户自定义的数据类型，则必须用系统集成功能(SFC)进行。

例如，传送方块图指令(MOVE)的用法，将 MW2 中的内容传送给 MW10。如图 7-77 所示为传送指令方块图(MOVE)的用法。

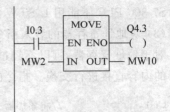

图 7-77　方块图传送指令(MOVE)的用法

7.7.2　比较指令(Comparator)

比较指令用于比较累加器 1 与累加器 2 中数据的大小，数据类型可以是整数、长整数或实数。被比较的两个数的数据类型应该相同。CPU 执行比较指令影响状态字，如果比较的条件满足，则 RLO 为 1，否则为 0。状态字中的 CC0 和 CC1 位用于表示两个数的大于、小于和等于关系。

比较指令在逻辑串中等效于一个常开触点，如果 IN1 与 IN2 比较的结果为真，RLO 为 1，则常开触点闭合，允许"能流"通过；否则 RLO 为 0，则常开触点断开，触点恢复常态。

1. 整数比较指令

整数比较指令见表 7-25。

表 7-25　整数比较指令

LAD 方块指令	方块上?	STL	比　较　类　型	说　　明
CMP? I　IN1　IN2	==	==I	IN1 等于 IN2	在 IN1 中的整数是否等于 IN2 的整数
	<>	<>I	IN1 不等于 IN2	在 IN1 中的整数是否不等于 IN2 的整数
	>	>I	IN1 大于 IN2	在 IN1 中的整数是否大于 IN2 的整数
	<	<I	IN1 小于 IN2	在 IN1 中的整数是否小于 IN2 的整数
	>=	>=I	IN1 大于等于 IN2	在 IN1 中的整数是否大于等于 IN2 的整数
	<=	<=I	IN1 小于等于 IN2	在 IN1 中的整数是否小于等于 IN2 的整数

其中，? 为比较类型，有==(等于)、<>(不等于)、>(大于)、<(小于)、>=(大于等于)和<=(小于等于)。

2. 长整数比较指令

长整数比较指令见表 7-26。

表 7-26　长整数比较指令

LAD 方块指令	方块上?	STL	比　较　类　型	说　　明
CMP? D　IN1　IN2	==	==D	IN1 等于 IN2	在 IN1 中的长整数是否等于 IN2 的长整数
	<>	<>D	IN1 不等于 IN2	在 IN1 中的长整数是否不等于 IN2 的长整数
	>	>D	IN1 大于 IN2	在 IN1 中的长整数是否大于 IN2 的长整数
	<	<D	IN1 小于 IN2	在 IN1 中的长整数是否小于 IN2 的长整数
	>=	>=R	IN1 大于等于 IN2	在 IN1 中的长整数是否大于等于 IN2 的长整数
	<=	<=D	IN1 小于等于 IN2	在 IN1 中的长整数是否小于等于 IN2 的长整数

其中,? 为比较类型,有＝＝(等于)、＜＞(不等于)、＞(大于)、＜(小于)、＞＝(大于等于)和＜＝(小于等于)。

3. 实数比较指令

实数比较指令见表 7-27。

表 7-27　实数比较指令

LAD 方块指令	方块上?	STL	比较类型	说　明
	＝＝	＝＝R	IN1 等于 IN2	在 IN1 中的实数是否等于 IN2 的实数
	＜＞	＜＞R	IN1 不等于 IN2	在 IN1 中的实数是否不等于 IN2 的实数
CMP? R	＞	＞R	IN1 大于 IN2	在 IN1 中的实数是否大于 IN2 的实数
IN1	＜	＜R	IN1 小于 IN2	在 IN1 中的实数是否小于 IN2 的实数
IN2	＞＝	＞＝R	IN1 大于等于 IN2	在 IN1 中的实数是否大于等于 IN2 的实数
	＜＝	＜＝R	IN1 小于等于 IN2	在 IN1 中的实数是否小于等于 IN2 的实数

其中,? 为比较类型,有＝＝(等于)、＜＞(不等于)、＞(大于)、＜(小于)、＞＝(大于等于)和＜＝(小于等于)。

4. 比较指令(CMP)的用法

例 7-9　编程比较两个整数,结果为真,Q4.0 有输出。

图 7-78 所示为整数比较指令(MP)用法的梯形图。

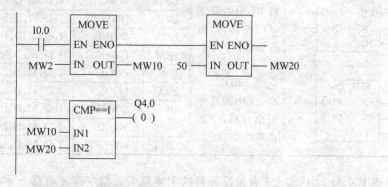

图 7-78　整数比较指令(CMP)用法的梯形图

7.7.3　移位指令和循环移位指令(Shift/Rotate)

移位指令和循环移位指令在 PLC 控制系统中经常会用到,移位指令是将累加器 1 低字或累加器 1 双字的内容向左或向右逐位移动若干位,被移位的数据可以用常数的形式或存储单元形式给出。移动的位数由输入值 n 确定,输入值为字数据。向左移位相当于乘以 2n,例如十进制的 2 用二进制表示为 2#10,左移 3 位后的二进制数为 2#10000;对应的十进制数为 16,左移 3 位相当于乘 8,即 2×23。向右移位,相当于除以 2n。被移动的最后一位保存在状态字中的 CC1 里,CC0 和 OV 被复位为 0,可使用条件跳转指令对CC1 进行判断。包括无符号数移位指令、有符号数移位指令和循环移位指令。

1. 无符号数移位指令（Shift）

无符号数移位指令包括左移指令和右移指令，移位后空出的位填0。被移动的最后一位存入CC1中。被移动的数据类型为字和双字，也可以常数的形式给出。数据长度为16位和32位。移动的位数为字数据，可以存储在存储区I、Q、M、D、L区中，见表7-28。

表 7-28　无符号数移位指令

LAD 方块指令	STL	参数	数据类型	存 储 区	说 明
SHL_W EN ENO IN OUT N	SLW 将 IN 中的字逐位左移，空出位填以 0	EN	BOOL	I、Q、M、D、L	使能输入
		ENO	BOOL	I、Q、M、D、L	使能输出
		IN	WORD	I、Q、M、D、L	要移位的值
		N	WORD	I、Q、M、D、L	要移位的位数
		OUT	WORD	I、Q、M、D、L	移位操作的结果
SHR_W EN ENO IN OUT N	SRW 将 IN 中的字逐位右移，空出位填以 0	EN	BOOL	I、Q、M、D、L	使能输入
		ENO	BOOL	I、Q、M、D、L	使能输出
		IN	WORD	I、Q、M、D、L	要移位的值
		N	WORD	I、Q、M、D、L	要移位的位数
		OUT	WORD	I、Q、M、D、L	移位操作的结果
SHL_DW EN ENO IN OUT N	SLD 将 IN 中的双字逐位左移，空出位填以 0	EN	BOOL	I、Q、M、D、L	使能输入
		ENO	BOOL	I、Q、M、D、L	使能输出
		IN	DWORD	I、Q、M、D、L	要移位的值
		N	WORD	I、Q、M、D、L	要移位的位数
		OUT	DWORD	I、Q、M、D、L	移位操作的结果
SHR_DW EN ENO IN OUT N	SRD 将 IN 中的双字逐位右移，空出位填以 0	EN	BOOL	I、Q、M、D、L	使能输入
		ENO	BOOL	I、Q、M、D、L	使能输出
		IN	DWORD	I、Q、M、D、L	要移位的值
		N	WORD	I、Q、M、D、L	要移位的位数
		OUT	DWORD	I、Q、M、D、L	移位操作的结果

当 EN 为 1 时，将 IN 端无符号数的字或双字数据左移或右移 N 位，结果存到 OUT，ENO 为 1；当 EN 为 0 时，不做左移或右移操作，ENO 也为 0。

其中，W 为字；DW 为双字；N 为字数据，移位的位数应放在字单元中。

例 7-10　将无符号数左移 4 位（示意图如图 7-79 所示）。

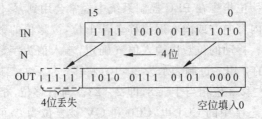

图 7-79　无符号数左移 4 位示意图

梯形图程序如图 7-80 所示。

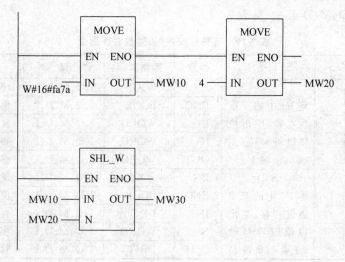

图 7-80　无符号数左移指令用法的梯形图

例 7-11　将无符号数双字数据右移 4 位(示意图如图 7-81 所示)。

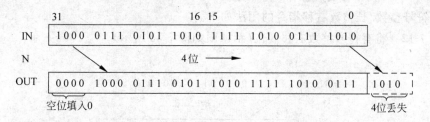

图 7-81　无符号双字数据右移 4 位示意图

梯形图程序如图 7-82 所示。

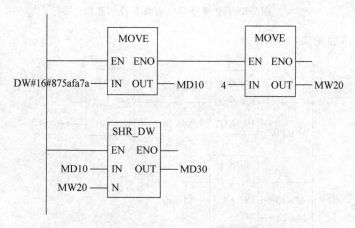

图 7-82　无符号数双字数据右移指令用法的梯形图

2. 有符号整数移位指令(Shift)

有符号整数移位指令只有右移指令,移位后空出的位填符号位(0 代表正,1 代表负)。

被移动的数据类型为整数和长整数,可以常数形式给出。移动位数为字数据,可以存储在存储区 I、Q、M、D、L 中,见表 7-29。

表 7-29　有符号整数/长整数右移指令

LAD 方块指令	STL 指令	参数	数据类型	存储区	说　明
SHR_I EN ENO IN OUT N	SSI 将 IN 中的字逐位右移,空出位填以符号位(正填 0,负填 1)	EN	BOOL	I、Q、M、D、L	使能输入
		ENO	BOOL	I、Q、M、D、L	使能输出
		IN	WORD	I、Q、M、D、L	要移位的值
		N	WORD	I、Q、M、D、L	要移位的位数
		OUT	WORD	I、Q、M、D、L	移位操作的结果
SHR_DI EN ENO IN OUT N	SSD 将 IN 中的双字逐位右移,空出位填以符号位(正填 0,负填 1)	EN	BOOL	I、Q、M、D、L	使能输入
		ENO	BOOL	I、Q、M、D、L	使能输出
		IN	DINT	I、Q、M、D、L	要移位的值
		N	WORD	I、Q、M、D、L	要移位的位数
		OUT	DINT	I、Q、M、D、L	移位操作的结果

当 EN 为 1 时,将 IN 端的有符号整数或长整数右移 N 位,结果存到 OUT,ENO 为 1;当 EN 为 0 时,不做右移操作,ENO 也为 0。

有符号整数/长整数右移指令的用法如下。

例 7-12　将有符号整数右移 3 位(示意图如图 7-83 所示)。

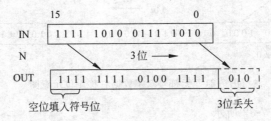

图 7-83　有符号整数右移 3 位示意图

梯形图程序如图 7-84 所示。

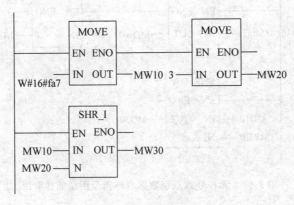

图 7-84　有符号整数右移指令用法的梯形图

3. 循环移位指令（Rotate）

循环移位指令是将累加器1中的双字（32位）数据逐位循环左移或循环右移若干位。即从累加器1一端移出来的位又送回到累加器1另一端的空位中，这一特点与有符号数和无符号数移位指令不同。最后移出的一位存入状态字的 CC1 位中，即通过状态字的 CC1 位循环移位。循环移位的位数可以由 N 给出，循环位数为字，它们可以存储在存储区 I、Q、M、D、L 中，也可放在累加器2的低字节中。被循环数均为双字，可以常数形式给出。当移位的位数等于 0 时，循环移位指令被当作 NOP（空操作）指令来处理。循环移位指令见表 7-30。

表 7-30　循环移位指令

LAD 方块指令	STL 指令	参数	数据类型	存　储　区	说　　　明
ROL_DW EN　ENO IN　OUT N	RLD 将 IN 中的双字逐位左移，空出位填以移出的位	EN	BOOL	I、Q、M、D、L	使能输入
		ENO	BOOL	I、Q、M、D、L	使能输出
		IN	WORD	I、Q、M、D、L	要移位的值
		N	WORD	I、Q、M、D、L	要移位的位数
		OUT	WORD	I、Q、M、D、L	移位操作的结果
ROR_DW EN　ENO IN　OUT N	RRD 将 IN 中的双字逐位右移，空出位填以移出的位	EN	BOOL	I、Q、M、D、L	使能输入
		ENO	BOOL	I、Q、M、D、L	使能输出
		IN	WORD	I、Q、M、D、L	要移位的值
		N	WORD	I、Q、M、D、L	要移位的位数
		OUT	WORD	I、Q、M、D、L	移位操作的结果

当 EN 为 1 时，将 IN 端的双字数据循环左移或右移 N 位，结果存到 OUT，ENO 为 1；当 EN 为 0 时，不做循环左移或右移操作，ENO 也为 0。

循环移位指令的用法如下。

例 7-13　循环左移 3 位（示意图如图 7-85 所示）。

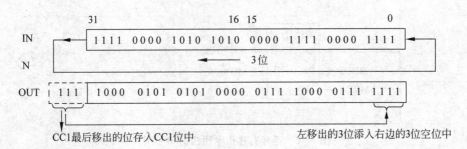

图 7-85　循环左移 3 位示意图

程序如图 7-86 所示。

例 7-14　循环右移 3 位（示意图如图 7-87 所示）。

梯形图程序如图 7-88 所示。

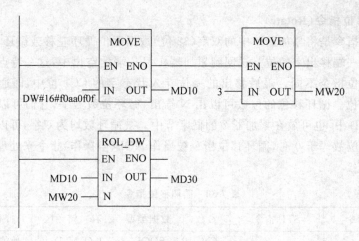

图 7-86　循环左移指令用法的梯形图

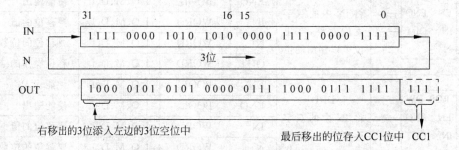

图 7-87　循环右移 3 位示意图

图 7-88　循环右移指令用法的梯形图

7.8　转换指令（Converter）

在 STEP 7 数据处理中常常要进行数据类型的转换。转换指令首先将待转换的数据按照规定的格式读入累加器 1，然后在累加器 1 中对数据进行类型转换，最后再将转换后的结果传送到目的地址。STEP 7 能够实现转换的操作有：BCD 码与整数、长整数间的转换；整数转换成长整数；实数与长整数间的转换；数的取反、求补等。在 STEP 7 中，整数和长整数是以补码形式表示的，见表 7-31。

表 7-31　BCD 与整数间的转换

LAD 方块指令	STL 指令	参数	数据类型	存　储　区	说　　　明
BCD_I EN　ENO IN　OUT	BTI 将 3 位 BCD 码数转换为 16 位整数	EN	BOOL	I,Q,M,D,L	使能输入
		ENO	BOOL	I,Q,M,D,L	使能输出
		IN	WORD	I,Q,M,D,L	BCD 码
		OUT	INT	I,Q,M,D,L	BCD 码转换的整数
I_BCD EN　ENO IN　OUT	ITB 将 16 位整数转换为 3 位 BCD 码数	EN	BOOL	I,Q,M,D,L	使能输入
		ENO	BOOL	I,Q,M,D,L	使能输出
		IN	INT	I,Q,M,D,L	整数
		OUT	WORD	I,Q,M,D,L	整数转换的 BCD 码
BCD_DI EN　ENO IN　OUT	BTD 将 7 位 BCD 码数转换为 32 位整数	EN	BOOL	I,Q,M,D,L	使能输入
		ENO	BOOL	I,Q,M,D,L	使能输出
		IN	DWORD	I,Q,M,D,L	BCD 码
		OUT	DINT	I,Q,M,D,L	BCD 码转换的双整数
DI_BCD EN　ENO IN　OUT	DTB 将 32 位整数转换为 7 位 BCD 码数	EN	BOOL	I,Q,M,D,L	使能输入
		ENO	BOOL	I,Q,M,D,L	使能输出
		IN	DINT	I,Q,M,D,L	双整数
		OUT	DWORD	I,Q,M,D,L	双整数转换的 BCD 码

7.8.1　BCD 与整数间的转换

1. BCD 与整数

BCD 码数值有两种格式：一种是字(16 位)格式的 BCD 码数，其数值范围是 $-999 \sim +999$；另一种是双字(32 位)格式的 BCD 码数，范围为 $-9999999 \sim +9999999$。由于 3 位 BCD 数所能表示的范围是 $-999 \sim +999$，小于 16 位整数的数值范围，因此，一个整数到 BCD 数的转换并不总是可行的。在执行 ITB 指令(整数转换为 3 位 BCD 码)时，如果整数超出了 BCD 码所能表示的范围，则得不到有效的转换结果。同时，状态字中的溢出位(OV)和溢出保持位(OS)将被置为 1。在程序中，一般需要根据状态位 OV 或 OS 判断结果是否有效，以免造成进一步的运算错误。基于相同的原因，在执行 DTB 指令(长整数转换为 7 位 BCD 码)时，也有类似问题需要注意。另外，在执行 BCD 码转换为整数或长整数指令时，如果 BCD 数是无效数(其中的一位值在 10～15 范围内)，将得不到正确的转换结果，并导致系统出现"BCDF"错误。

2. BCD 与整数、长整数间的转换指令用法

例 7-15　将 7 位 BCD 码转换为 32 位整数。

如图 7-89 所示为 BCD 与长整数间转换指令用法的方块图。

当 I0.0 为 1 时即 EN 为 1，BCD 指令将 MD8

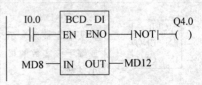

图 7-89　BCD 指令的方块图

中的 7 位 BCD 码转换为 32 位整数,保存到存储区双字 MD12 中,长整数的高位在 MW12 中,低位在 MW14 中,ENO 为 1,Q4.0 输出为 0;如果当 I0.0 为 0 或转换不正确时,ENO 为 0,Q4.0 输出为 1。

7.8.2 整数转换为长整数

有时需要将整数转换为长整数,其 LAD 方块图指令和 STL 指令见表 7-32。

表 7-32 整数与长整数的转换

LAD 方块指令	STL 指令	参数	数据类型	存 储 区	说 明
I_DINT EN ENO IN OUT	ITD 将 16 位整数转换 为 32 位整数	EN	BOOL	I,Q,M,D,L	使能输入
		ENO	BOOL	I,Q,M,D,L	使能输出
		IN	INT	I,Q,M,D,L	要转换的整数
		OUT	DINT	I,Q,M,D,L	整数转换的长整数

7.8.3 实数和长整数间的转换

长整数转换成实数就是将 32 位长整数转换成 32 位实数。实数转换成长整数,由于实数的数值范围远大于 32 位整数,有的实数不能成功地转换为 32 位整数。因此,在转换时有不同的指令,也就有不同的转换结果。例如,将实数化整为最接近的整数、将实数取整、将实数化整为大于或等于该实数的最小整数和将实数化整为小于或等于该实数的最大整数。如果被转换的实数格式非法或超出了 32 位整数的表示范围,将得不到有效结果,则状态字中的 OV 和 OS 被置 1。

实数和长整数间的转换方块指令和指令表指令,见表 7-33。

表 7-33 实数与长整数间的转换

LAD 方块指令	STL 指令	参数	数据类型	存 储 区	说 明
ROUND EN ENO IN OUT	RND 将实数化整为最接 近的整数	EN	BOOL	I,Q,M,D,L	使能输入
		ENO	BOOL	I,Q,M,D,L	使能输出
		IN	REAL	I,Q,M,D,L	要舍入的值
		OUT	DINT	I,Q,M,D,L	四舍五入后的整数
TRUNC EN ENO IN OUT	TRUNC 取实数的整数部分 (截尾取整)	EN	BOOL	I,Q,M,D,L	使能输入
		ENO	BOOL	I,Q,M,D,L	使能输出
		IN	REAL	I,Q,M,D,L	要取整的值
		OUT	DINT	I,Q,M,D,L	IN 的整数部分
CEIL EN ENO IN OUT	RND+ 将实数化整为大于 或等于该实数的最 小整数	EN	BOOL	I,Q,M,D,L	使能输入
		ENO	BOOL	I,Q,M,D,L	使能输出
		IN	REAL	I,Q,M,D,L	要取整的值
		OUT	DINT	I,Q,M,D,L	上取整后的整数

续表

LAD 方块指令	STL 指令	参数	数据类型	存 储 区	说 明
FLOOR EN ENO IN OUT	RND－ 将实数化整为小于 或等于该实数的最 大整数	EN	BOOL	I、Q、M、D、L	使能输入
		ENO	BOOL	I、Q、M、D、L	使能输出
		IN	REAL	I、Q、M、D、L	要取整的值
		OUT	DINT	I、Q、M、D、L	下取整后的整数
DI_REAL EN ENO IN OUT	DTR 将 32 位整数转换 为 32 位实数	EN	BOOL	I、Q、M、D、L	使能输入
		ENO	BOOL	I、Q、M、D、L	使能输出
		IN	DINT	I、Q、M、D、L	长整数
		OUT	REAL	I、Q、M、D、L	转换后的实数

实数和长整数间的转换指令应用举例如下。

例 7-16　将实数取整为长整数。图 7-90 所示为将实数取整为长整数程序方块图。

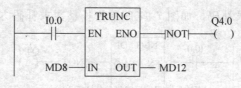

图 7-90　实数取整的方块图

7.8.4　数的取反、求补

在 STEP 7 中,整数和长整数是以补码形式表示的。对整数有取反、求补的操作。取反操作就是对累加器 1 中的字或双字数据逐位取反。求补的操作就是对累加器 1 中的字或双字数据逐位取反,然后加 1,相当于对该数乘以－1,求补只有对整数或长整数才有意义。实数取反是将符号位取反,操作的数据类型为字或双字及实数,包括对 16 位整数求反码、对 32 位整数求反码、对 16 位整数求补码、对 32 位整数求补码和对 32 位实数求反码等指令,见表 7-34。

表 7-34　数的取反、求补

LAD 方块指令	STL 指令	参数	数据类型	存 储 区	说 明
INV_I EN ENO IN OUT	INVI 对 16 位整数求反码	EN	BOOL	I、Q、M、D、L	使能输入
		ENO	BOOL	I、Q、M、D、L	使能输出
		IN	INT	I、Q、M、D、L	输入值
		OUT	INT	I、Q、M、D、L	整数的二进制反码
INV_DI EN ENO IN OUT	INVD 对 32 位整数求反码	EN	BOOL	I、Q、M、D、L	使能输入
		ENO	BOOL	I、Q、M、D、L	使能输出
		IN	DINT	I、Q、M、D、L	输入值
		OUT	DINT	I、Q、M、D、L	双整数的二进制反码

续表

LAD 方块指令	STL 指令	参数	数据类型	存储区	说　明
NEG_I EN　ENO IN　OUT	NEGI 对 16 位整数求补 码(取反再加 1), 相当于乘－1	EN	BOOL	I、Q、M、D、L	使能输入
		ENO	BOOL	I、Q、M、D、L	使能输出
		IN	INT	I、Q、M、D、L	输入值
		OUT	INT	I、Q、M、D、L	整数的二进制补码
NEG_DI EN　ENO IN　OUT	NEGD 对 32 位整数求补码	EN	BOOL	I、Q、M、D、L	使能输入
		ENO	BOOL	I、Q、M、D、L	使能输出
		IN	DINT	I、Q、M、D、L	输入值
		OUT	DINT	I、Q、M、D、L	双整数的二进制补码
NEG_R EN　ENO IN　OUT	NEGR 对 32 位实数的符 号位求反码	EN	BOOL	I、Q、M、D、L	使能输入
		ENO	BOOL	I、Q、M、D、L	使能输出
		IN	REAL	I、Q、M、D、L	输入值
		OUT	REAL	I、Q、M、D、L	对输入值求反的结果

例 7-17　对长整数求补码。如图 7-91 所示为长整数求补码方块图。

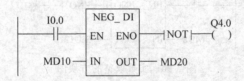

图 7-91　对长整数求补码方块图

7.8.5　累加器和地址寄存器操作指令

S7-300 PLC 和 S7-400 PLC 提供了用于对一个或多个累加器操作的 STL 指令,这些指令的执行对 RLO 不产生影响。对于有四个累加器的 CPU,累加器 3、4 的内容保持不变。

1. 累加器操作指令

累加器操作指令见表 7-35。

表 7-35　累加器操作指令

STL 指令	说　明
TAK	累加器 1 和累加器 2 的内容互换
PUSH	把累加器 1 的内容移入累加器 2,累加器 2 原内容被覆盖
POP	把累加器 2 的内容移入累加器 1,累加器 1 原内容被覆盖
INC	把累加器 1 低字的低字节内容加上指令中给出的常数,常数范围:0～255;指令的执行是 无条件的,结果不影响状态字
DEC	把累加器 1 低字的低字节内容减去指令中给出的常数,常数范围:0～255;指令的执行是 无条件的,结果不影响状态字
CAW	交换累加器 1 低字中的字节顺序
CAD	交换累加器 1 中的字节顺序

续表

STL 指令	说　明
ENT	进入 ACCU 堆栈
LEAVE	离开 ACCU 堆栈
BLD	控制编程器显示程序的形式,执行程序时不产生任何影响
NOP0	空操作 0:不进行任何操作
NOP1	空操作 1:不进行任何操作

图 7-92 所示为执行 TAK、PUSH、POP 指令前后累加器 1 和累加器 2 的内容变化。

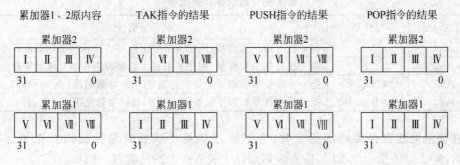

图 7-92　TAK、PUSH、POP 指令的功能

图 7-93 所示为执行 CAW 和 CAD 指令前后累加器 1 和累加器 2 内容的变化。

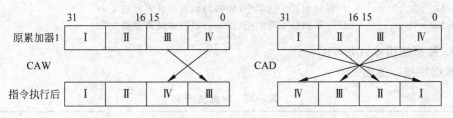

图 7-93　CAW 和 CAD 指令的功能

例 7-18　两个数分别放在 MW0 和 MW2 中,用两数中较大的数减去较小的数,差存放在 MW4 中。

STL 程序如下。

```
       L    MW0      //将 MW0 的内容装入累加器 1 低字中
       L    MW2      //将累加器 1 装入累加器 2,MW2 的内容装入累加器 1 低字中
       >I            //如果累加器 2(MW0)>累加器 1(MW2),RLO=1
       JC   A001     //RLO=1 就跳转到标号 001
       TAK           //累加器 2(MW0)与累加器 1(MW2) 低字的内容交换
A001:  -I            //累加器 2 低字的内容减去累加器 1 低字的内容
       T    MW4      //运算结果传送到 MW4
```

例 7-19　用 INC 指令修正循环计数器(累加器 1)的值,控制程序中循环体重复执行 10 次。

```
A001:  L    MB1      //循环体开始,MB1 装入累加器 1 低字节
```

```
INC    1              //累加器1低字节(循环计数器)加1
T      MB1            //累加器1低字节内容传送到MB1保存循环次数
L      B#16#10        //累加器1内容装入累加器2低字节,5装入累加器1低字节
<=I                   //累加器2(MB1)<=累加器1(10),RLO=1
JC     A001           //RLO=1跳转到LOOP,则继续循环
L      1              //重新将1装入累加器1,为下次循环做准备
T      MB1            //累加器1低字节(1)传送到MB1
```

2. 地址寄存器指令

地址寄存器指令见表 7-36。

表 7-36　地址寄存器指令

STL 指令	操作数	说　明
＋AR1		指令没有指明操作数,则把累加器 1 低字的内容加至地址寄存器 1
＋AR2		指令没有指明操作数,则把累加器 1 低字的内容加至地址寄存器 2
＋AR1	P#Byte.Bit	把一个指针常数加至地址寄存器 1,指针常数范围: 0.0～4095.7
＋AR2	P#Byte.Bit	把一个指针常数加至地址寄存器 2,指针常数范围: 0.0～4095.7

在使用地址寄存器的加指令时,应保证累加器 1 或指针常数的格式正确。在用 ＋AR1 或＋AR2 指令之前时,应先为累加器 1 装入一个指针常数。例如:

```
＋AR1   P#200.0        //将指针常数(200.0)加到地址寄存器1中
L       P#100.0        //将指针常数(100.0)装载到累加器1低字中
＋AR1                  //将累加器1低字中(100.0)加到地址寄存器1中
＋AR2                  //将累加器1低字中(100.0)加到地址寄存器2中
```

3. 数据块指令(DB call)

数据块指令见表 7-37。

表 7-37　数据块指令

LAD 指令	STL 指令	说　明
—(OPN)	OPN	打开一个数据块作为共享数据块或背景数据块
	CAD	交换数据块寄存器,使共享数据块成为背景数据块,反之一样
	DBLG	将共享数据块的长度(字节数)装入累加器 1
	CBNO	将共享数据块的块号装入累加器 1
	DILG	将背景数据块的长度(字节数)装入累加器 1
	DINO	将背景数据块的块号装入累加器 1

注意: 使用数据块指令时,只有先打开一个数据块,其他数据块指令才能使用。

例 7-20　当数据块的长度大于 100 B 时,程序跳转到 001 标号处。

```
OPN    DB 5           //打开共享数据块DB5
L      DBLG           //将共享数据块的长度装入累加器1
L      +100           //将整数100装入累加器1,累加器1原内容移入累加器2
>=I                   //比较,如果(累加器2)>=(累加器1),则RLO=1
JC     _001           //如果RLO=1(数据块长度大于100B),则跳转到001标号处
A      I0.0           //与I0.0"与"
```

```
        BEU                    //无条件结束当前块
   _001: UC      FC5           //当数据块长度大于100时,调用功能块 FC5
```

7.9　数据运算指令

在 STEP 7 中,数据运算指令包括算术运算指令和字逻辑运算指令。可以对整数、长整数和实数进行加、减、乘、除、取绝对值、求三角函数值等算术运算,也可以对整数、长整数按位进行逻辑运算。

数据运算指令在累加器 1 和累加器 2 中进行操作,在减法、除法等算术运算操作中累加器 2 中的值作为被减数或被除数。算术运算的结果保存在累加器 1 中,累加器 1 中原有的值被运算结果覆盖,累加器 2 中的值保持不变,如图 7-94 所示。

CPU 在进行算术运算时,对 RLO 不产生影响。然而算术运算指令对状态字的某些位将产生影响,这些位是 CC1 和 CC0、OV、OS。可以用位操作指令或条件跳转指令对状态字中的标志位进行判断操作。

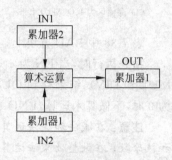

图 7-94　数据运算指令操作过程

7.9.1　加、减、乘、除算术运算指令

加、减、乘、除算术运算指令包括整数、长整数和实数的加、减、乘、除算术运算指令。参加运算的 IN1、IN2 两个参数的数据类型要相同。指令见表 7-38。

表 7-38　整数、长整数和实数算术运算指令

LAD 指令	方块上?	STL 指令	说　明
整数、长整数算术运算指令			
? −I EN　ENO IN1 IN2　OUT	ADD_I	+I	将 IN1 与 IN2 中 16 位整数相加,和保存到 OUT 中
	SUB_I	−I	将 IN1 与 IN2 中 16 位整数相减,差保存到 OUT 中
	MUL_I	*I	将 IN1 与 IN2 中 16 位整数相乘,积(32 位)保存到 OUT 中
	DIV_I	/I	将 IN1 与 IN2 中 16 位整数相除,商保存到 OUT 中
? −DI EN　ENO IN1 IN2　OUT	ADD_DI	+D	将 IN1 与 IN2 中 32 位整数相加,和保存到 OUT 中
	SUB_DI	−D	将 IN1 与 IN2 中 32 位整数相减,差保存到 OUT 中
	MUL_DI	*D	将 IN1 与 IN2 中 32 位整数相乘,积保存到 OUT 中
	DIV_DI	/D	将 IN1 与 IN2 中 32 位整数相除,商保存到 OUT 中
MOD EN　ENO IN1 IN2　OUT	MOD	MOD	将 IN1 与 IN2 中 32 位整数相除,余数保存到 OUT 中

续表

实数（加、减、乘、除）算术运算指令

？ —R EN ENO IN1 IN2 OUT	ADD_R	＋R	将 IN1 与 IN2 中的实数相加，和保存到 OUT 中
	SUB_R	—R	将 IN1 与 IN2 中的实数相减，差保存到 OUT 中
	MUL_R	＊R	将 IN1 与 IN2 中的实数相乘，积保存到 OUT 中
	DIV_R	/R	将 IN1 与 IN2 中的实数相除，商保存到 OUT 中

注：(1) IN1、IN2 为参与运算的数，OUT 存放运算结果。

(2) IN1、IN2、OUT 的数据类型为整数、长整数和实数。

(3) IN1、IN2、OUT 的数据类型要一致。

(4) 存储区为 I、Q、M、D、L。

表 7-38 中 LAD 方块上，？ 为 ADD(加)、SUB(减)、MUL(乘)和 DIV(除)。

指令执行时，当 EN 为 1 时，对 IN1 与 IN2 端的两个数进行算术运算（ADD、SUB、MUL 和 DIV），结果存到 OUT，ENO 为 1；当 EN 为 0 时，不做算术运算，ENO 也为 0。

注意：在减法和除法运算中累加器 2 是被减数和被除数；在做整数乘法运算时，积为 32 位。

例 7-21 将两个整数相加，其和传送到 MW30。程序如图 7-95 所示。

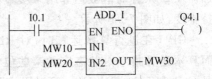

图 7-95 整数算术运算指令的应用

7.9.2 实数算术运算

实数算术运算指令除了上面介绍的加、减、乘、除算术运算外，还包括求绝对值、求平方、求平方根、求自然对数、求基于 e 的指数以及有关三角函数的运算指令，见表 7-39。

表 7-39 实数算术运算指令

LAD 方块指令	方块上？	STL 指令	功 能 说 明
算术运算指令			
？ EN EN IN OUT	ABS	ABS	求输入 IN 中实数的绝对值，结果保存到 OUT 中
	SQR	SQR	求输入 IN 中实数的平方值，结果保存到 OUT 中
	SQRT	SQRT	求输入 IN 中实数的平方根值，结果保存到 OUT 中
	LN	LN	求输入 IN 中实数的自然对数值，结果保存到 OUT 中
	EXP	EXP	求输入 IN 中实数基于 e 的指数值，结果保存到 OUT 中
三角函数运算指令			
？ EN EN IN OUT	SIN	SIN	求输入 IN 中角度(弧度)的正弦值，结果保存到 OUT 中
	COS	COS	求输入 IN 中角度(弧度)的余弦值，结果保存到 OUT 中
	TAN	TAN	求输入 IN 中角度(弧度)的正切值，结果保存到 OUT 中
	ASIN	ASIN	求输入 IN 中实数的反正弦值，结果(弧度)保存到 OUT 中
	ACOS	ACOS	求输入 IN 中实数的反余弦值，结果(弧度)保存到 OUT 中
	ATAN	ATAN	求输入 IN 中实数的反正切值，结果(弧度)保存到 OUT 中

注：(1) IN1 为参与运算的数，OUT 存放运算结果。

(2) IN1、OUT 的数据类型为实数和弧度。

(3) 存储区为 I、Q、M、D、L。

1. 实数算术运算方块指令

表 7-39 中，? 为 ABS(求绝对值)、求平方、求平方根、求自然对数、求基于 e 的指数等。

2. 三角函数运算指令

三角函数运算指令包括求正弦值、求余弦值、求正切值、求反正弦值、求反余弦值和求反正切值等指令，见表 7-39。

1）求三角函数运算方块指令

表 7-39 中，? 为 SIN(正弦)、COS(余弦)、TAN(正切)。

2）求反三角函数运算方块指令

表 7-39 中，? 为 ASIN(反正弦)、ACOS(反余弦)和 ATAN(反正切)。

3. 实数算术运算指令应用举例

例 7-22　求 sin1500°，结果传送到 MD30。

在计算三角函数值时，要注意数值的单位是弧度还是度，如果是度，应先将度数转换成弧度，计算其三角函数的值。度转换成弧度的公式为 $\dfrac{\text{度数}}{180} \times 3.14$，式中均为实数运算。

本例中 1500 为度数，所以计算 sin1500°程序的 LAD 方块图如图 7-96 所示。

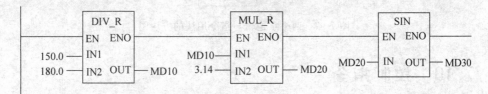

图 7-96　实数算术运算指令应用的方块图

7.9.3　字逻辑运算指令

字逻辑运算指令是对两个字(16 位)或双字(32 位)数据逐位进行逻辑运算。一个操作数在累加器 1 中，另一个在累加器 2 中，或在指令中用立即数的形式给出。字逻辑运算的结果放在累加器 1 的低字中，双字逻辑运算的结果放在累加器 1 中。它们可以存储在存储区 I、Q、M、D、L 中。逻辑运算结果影响状态字的标志位。如果逻辑运算的结果为 0，则 CC1 位被复位为 0。如果逻辑运算的结果非 0，则 CC1 被置为 1，在任何情况下，状态字中的 CC0 和 OV 位都被复位为 0。字逻辑运算指令包括字逻辑与、字逻辑或、字逻辑异或及双字逻辑与、双字逻辑或、双字逻辑异或，如表 7-40 所示。

1. 字逻辑运算指令

如表 7-40 所示，表中，? 为 WAND、WOR、WXOR。

2. 字逻辑指令用法

例 7-23　将两个字数据逐位与。例如，IN1(　　)=1111 0000 1111 1111 和 IN2(MW20)=1010 1010 1100 1100。

字逻辑与操作后：OUT=1010 0000 1100 1100，如图 7-97 所示为字逻辑方块图指令的用法。

表 7-40　字逻辑运算指令

LAD 方块指令	方块上?	STL 指令	说　明
? _W EN ENO IN1 IN2 OUT	WAND	AW	将 IN1 和 IN2 中的字逐位相与,结果保存到 OUT 中
	WOR	OW	将 IN1 和 IN2 中的字逐位相或,结果保存到 OUT 中
	WXOR	XOW	将 IN1 和 IN2 中的字逐位相异或,结果保存到 OUT 中
? _DW EN ENO IN1 IN2 OUT	WAND	AD	将 IN1 和 IN2 中的双字逐位相与,结果保存到 OUT 中
	WOR	OD	将 IN1 和 IN2 中的双字逐位相或,结果保存到 OUT 中
	WXOR	XOD	将 IN1 和 IN2 中的双字逐位相异或,结果保存到 OUT 中

注: (1) IN1、IN2、OUT 数据类型要一致。

(2) 存储区为 I、Q、M、D、L。

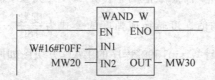

图 7-97　两个字逻辑与指令用法的方块图

7.10　控制指令

控制指令是控制程序执行顺序的,使 CPU 根据不同的情况执行不同的指令序列。STEP 7 中控制指令分为两类:一类是逻辑控制指令,另一类是程序控制指令。

7.10.1　逻辑控制指令

逻辑控制指令是指在逻辑块内跳转或循环的指令,在没有执行跳转和循环指令时,各条指令按从上到下的先后顺序逐条执行,逻辑控制指令中止程序原来执行的顺序,跳转到<标号>指定的目标程序处执行程序。跳转或循环指令的操作数是目标地址的标号,该标号指出程序要跳往何处,标号最多为 4 个字符,第一个字符必须是字母或下划线,其余字符可为字母或数字。

在一个逻辑块中,同一个目标地址的标号只能出现一次,目标地址的标号不能重名。最长的跳转距离为程序代码中的 -327678～+327687 个字。在不同逻辑块中的目标地址的标号可以重名。与它相同的标号还必须写在跳转的目的程序之前。STEP 7 的跳转指令只在逻辑块内跳转。

1. 无条件跳转指令

无条件跳转指令将无条件中断正常的程序逻辑流,使程序跳转到目标地址标号处继续执行,且不影响状态字。

1) 无条件跳转梯形图指令

<标号>

——(JMP)

在目标程序梯形图的开始处,放置一个<标号>,目标程序的标号如下所示。

2) 无条件跳转指令表指令

JU　<标号>

在 STL 中必须将<标号>写在目标程序之前,<标号>与指令之间用冒号分隔。

3) 无条件跳转指令应用举例

例 7-24　如图 7-98 所示为无条件跳转指令应用的梯形图和指令表。

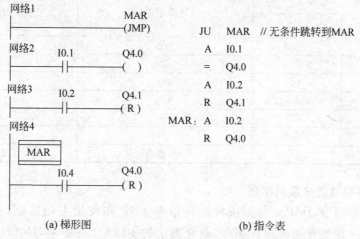

(a) 梯形图　　　　　　　　　　　　(b) 指令表

图 7-98　无条件跳转指令应用梯形图和指令表

2. 条件跳转指令

条件跳转指令见表 7-41,根据状态字的标志位,条件中断正常的程序执行顺序,使程序跳转到目标地址的标号处继续执行,在目标程序的开始处放置一个标号 标号 。

表 7-41　条件跳转指令

STL 指令	说　明
JC	当 RLO=1 时跳转
JCN	当 RLO=0 时跳转
JCB	当 RLO=1 且 BR=1 时跳转,指令执行时将 RLO 保存在 BR 中
JNB	当 RLO=0 且 BR=0 时跳转,指令执行时将 RLO 保存在 BR 中
JBI	当 BR=1 时跳转,指令执行时,OR、FC 清 0,STA 置 1
JNBI	当 BR=0 时跳转,指令执行时,OR、FC 清 0,STA 置 1
JO	当 OV=1 时跳转
JOS	当 OS=1 时跳转,指令执行时,OS 清 0
JZ	累加器 1 中的计算结果为零跳转
JN	累加器 1 中的计算结果为非零跳转

续表

STL 指令	说　　明
JP	累加器 1 中的计算结果为正跳转
JM	累加器 1 中的计算结果为负跳转
JMZ	累加器 1 中的计算结果小于等于零(非正)跳转
JPZ	累加器 1 中的计算结果大于等于零(非负)跳转
JUO	实数溢出跳转

根据累加器 1 中的计算结果作为跳转条件的跳转指令与 CC0、CC1 的关系见表 7-42。

表 7-42　条件跳转指令与 CC0、CC1 的关系

状　　态		计算结果	触发的跳转指令
CC1	CC0		
0	0	$=0$	JZ
1 或 0	0 或 1	$<>0$	JN
1	0	>0	JP
0	1	<0	JM
0 或 1	0	$<=0$	JMZ
0	1 或 0	$>=0$	JPZ
1	1	UO(溢出)	JUO

3. 条件跳转指令应用举例

条件跳转指令 JMPN 与无条件跳转指令 JMP 在使用上的区别:条件跳转指令 JMPN 前面一定要有逻辑操作指令,对状态字的 RLO 位有影响,JMPN 指令才能根据 RLO 的状态,进行相应的跳转;而无条件跳转指令 JMP 前面可以没有逻辑操作指令,即使有,对 JMP 也没有影响。

例 7-25　如图 7-99 所示为条件跳转指令应用的梯形图和指令表。

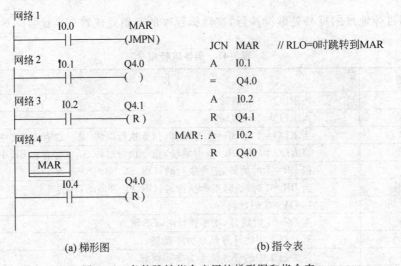

(a) 梯形图　　　　　　　　　　(b) 指令表

图 7-99　条件跳转指令应用的梯形图和指令表

例 7-26 如图 7-100 所示为条件跳转指令应用的流程图和指令表。

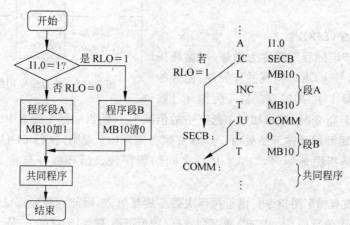

(a) 流程图   (b) 指令表

图 7-100　条件跳转指令应用的流程图和指令表

4. 状态位常开/常闭触点

STEP 7 中没有根据算术运算结果直接转移的梯形图逻辑指令,它通过使用反映字各位状态的常开/常闭触点,并与前面的跳转指令结合使用,实现根据运算结果跳转的功能。与状态位有关的触点见表 7-43。表中,LAD 单元可以用在梯形图程序中,影响逻辑运算结果 RLO,形成以状态位为条件的跳转操作。

表 7-43　状态位常开/常闭触点

LAD 单元		说　明
>0	>0	算术运算结果大于 0,则常开触点闭合、常闭触点断开。该指令检查状态字条件码 CC0 和 CC1 的组合,决定结果与 0 的关系
<0	<0	算术运算结果小于 0,则常开触点闭合、常闭触点断开。该指令检查状态字条件码 CC0 和 CC1 的组合,决定结果与 0 的关系
>=0	>=0	算术运算结果大于等于 0,则常开触点闭合、常闭触点断开。该指令检查状态字条件码 CC0 和 CC1 的组合,决定结果与 0 的关系
<=0	<=0	算术运算结果小于等于 0,则常开触点闭合、常闭触点断开。该指令检查状态字条件码 CC0 和 CC1 的组合,决定结果与 0 的关系
==0	==0	算术运算结果等于 0,则常开触点闭合、常闭触点断开。该指令检查状态字条件码 CC0 和 CC1 的组合,决定结果与 0 的关系
<>0	<>0	算术运算结果不等于 0,则常开触点闭合、常闭触点断开。该指令检查状态字条件码 CC0 和 CC1 的组合,决定结果与 0 的关系
OV	OV	若状态字的 OV 位(溢出位)为 1,则常开触点闭合、常闭触点断开
OS	OS	若状态字的 OS 位(存储溢出位)为 1,则常开触点闭合、常闭触点断开
UO	UO	浮点算术运算结果溢出,则常开触点闭合、常闭触点断开。该指令检查状态字条件码 CC0 和 CC1 的组合
BR	BR	若状态字的 BR 位(二进制结果)为 1,则常开触点闭合、常闭触点断开

例 7-27 如图 7-101 所示为状态位应用的方块图。

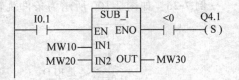

图 7-101 状态位应用的方块图

5. 循环指令(LOOP)

重复执行特定的程序段称为循环,用循环指令(LOOP <标号>)可以实现循环控制,循环的次数存在累加器 1 中,即以累加器 1 为循环计数器。执行 LOOP 指令时,将累加器 1 低字中的值减 1,判断累加器 1 低字中的值是否为 0,如果不为 0,则回到循环体开始处(标号)重复执行循环体;否则,执行 LOOP 指令后面的指令。循环体是指循环标号和 LOOP 指令间的程序段。循环标号与指令之间用冒号隔开。

循环指令没有梯形图指令。由于循环次数不能是负数,因此程序应保证循环计数器中的数为正整数(数值范围 0~32767)或字型数据(数值范围 W♯16♯0000~W♯16♯FFFF)。

例 7-28 如图 7-102 所示为循环指令(LOOP)应用的流程图和指令表。

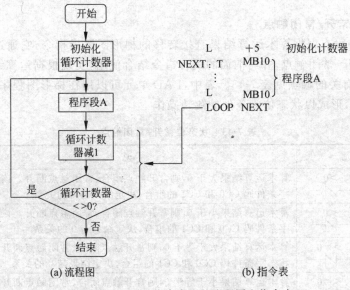

(a) 流程图   (b) 指令表

图 7-102 LOOP 指令应用的流程图和指令表

在本例中,考虑到循环体(程序段 A)中可能用到累加器 1,特设置了循环计数暂存器 MB10。

7.10.2 程序控制指令

程序控制指令是指功能块或功能(FB、FC、SFB、SFC)的调用指令和逻辑块(OB、FB、FC)的结束指令。调用块或结束块可以是有条件的或是无条件的。STEP 7 中的功能块(FB)或功能(FC)实质上就是子程序。

1. 程序控制的梯形图指令

调用块的梯形图指令有两种方式:一是线圈指令,这种方式不能实现参数传递;二是用方块图指令,这种方式可以传递参数,见表 7-44。

表 7-44 程序控制指令（LAD）

LAD 指令	参数		数据类型	存储区	说明
<FC/SFC no.> —(CALL)	FC/SFC no.		BLOCK_FC	—	no.为被调用的不带参数的 FC 或 SFC 号数
<DB no.> ┌─────┐ │FB no.│ —EN ENO—	方块上的符号	参数			
	FB no.	DB no.	BLOCK_DB	—	背景数据块号,只在调用 FB 时提供
	FC no.	Block no.	BLOCK_FB/ BLOCK_FC	—	被调用的功能块号
	SFB no.	EN	BOOL	I、Q、M、D、L	允许输入
	SFC no.	ENO	BOOL	I、Q、M、D、L	允许输出
—(RET)	—		—	—	块结束

1）调用块的线圈指令

2）调用块的方块图指令

2. 程序控制指令的指令表指令

程序控制指令见表 7-45。

表 7-45 程序控制指令（STL）

STL 指令	说明
CALL	该指令在程序中无条件执行,调用 FB、FC、SFB、SFC
UC	该指令在程序中无条件调用功能块（一般是 FC 或 SFC）,但不能传递参数
CC	RLO=1,调用功能块（一般是 FC）,但不能传递参数
BEU	该指令无条件结束当前块的扫描,将控制返回给调用块
BEC	若 RLO=1,则结束当前块的扫描,将控制返回给调用块;若 RLO=0,则将 RLO 置 1,程序继续在当前块内扫描

CALL 指令可以调用用户编写的功能块或功能及操作系统提供的标准系统功能块或标准系统功能,CALL 指令的操作数是功能块类型及其编号,当调用的块是功能块 FB 时还要提供相应的背景数据块 DB。使用 CALL 指令可以为被调用功能块或功能中的形参赋以实际参数,调用时应保证实参与形参的数据类型一致。

思考与练习题

1. PLC 控制系统的硬件由哪几部分组成？

2. S7-300 PLC 的基本组成有什么？

3. S7-300 PLC 有几个基本存储区？简述其作用。

4. S7-300 PLC 的系统存储区包括什么？标识符分别是什么？

5. S7-300 PLC 数字模块默认的地址如何确定？

6. S7-300 PLC 的 CPU 314/CPU 315/CPU 315-2DP 最多可扩展几个机架？用哪个接口模块连接？

7. 一个控制系统如果需要 12 点数字量输入、30 点数字量输出、10 通道模拟量输入和 2 通道模拟量输出，问：

(1) 如何选择输入/输出模块？

(2) 各模块的地址如何分配？

8. 电源模块 PS307 能给负载回路供电吗？

9. S7-300 PLC 的指令由什么组成？含义是什么？

10. 位逻辑运算指令有什么？

11. 复位指令共有几条？每条指令功能是什么？

12. 编程实现可在两地控制一台电动机。

设计要求：①写出地址分配表；②画 I/O 连线图；③写梯形图程序。

13. 设计两台电动机顺序控制 PLC 控制系统。

控制要求：

(1) 第一台电机起动后，第二台才能起动；

(2) 第一台电机停车时，第二台一定停车；

(3) 第二台可以单独停车。

设计要求：①写出地址分配表；②画 I/O 连线图；③写梯形图程序。

14. 试设计一个抢答器电路程序。

控制要求：出题人提出问题，3 个答题人按动按钮，仅仅是最早按的人面前的信号灯亮。然后出题人按动复位按钮后，引出下一个问题。

设计要求：①写出地址分配表；②画 I/O 连线图；③写梯形图程序。

15. S7-300 PLC 共有几种定时器？各是什么？

16. 试设计一个 3h40min 的长延时程序。

17. 试设计一个照明灯的控制程序。

控制要求：当按下接在 I0.0 上的按钮后，接在 Q4.0 上的照明灯可发光 20s，如果在这段时间内又有人按下按钮，则时间间隔从头开始。这样可确保在最后一次按完按钮后，灯光维持 20s 照明。

设计要求：①写出地址分配表；②画 I/O 连线图；③写梯形图程序。

18. 设计一个对锅炉鼓风机和引风机控制的梯形图程序。

控制要求：

(1) 开机时首先起动引风机，8s 后自动起动鼓风机；

(2) 停止时立即关断鼓风机，15s 后自动关断引风机。

设计要求：①写出地址分配表；②画 I/O 连线图；③写梯形图程序。

19. S7-300 PLC 共有几种计数器？对它们执行复位指令后，其当前值和位状态是什么？

20. 设计一振荡电路的梯形图和语句表。当输入接通，输出 Q0.0 闪烁，接通和断开交替进行。接通时间为 2.5s，断开时间为 2s。

21. 设计一个程序，控制 16 个彩灯循环双向移位，每 0.5s 移 1 位。彩灯图案每次亮 1 盏和每次亮 4 盏。

设计要求：①写出地址分配表；②画 I/O 连线图；③写梯形图程序。

22. 编写程序计算 $MW10=\dfrac{MW0+MW30-MW2}{MW4}\times 15$

23. 编写程序计算 $\sin 120°+\cos 10°$ 的值。

24. 编写出将 MB0 字节高 4 位和低 4 位数据交换。

25. 根据如图 7-103 所示的时序图，编制程序。

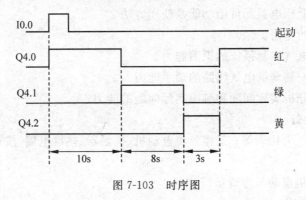

图 7-103　时序图

26. 根据如图 7-104 所示的时序图，编制程序。

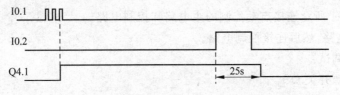

图 7-104　时序图

27. 灯泡控制程序：一盏灯由一个按钮来控制，第一次按下按钮，灯亮，第二次按下按钮，灯灭。

28. 试编写 PLC 梯形图程序具备下述功能：①按钮接通后 A 灯先亮，过 5s 后 B 灯亮；②B 灯亮 5s 后，自动关闭；③B 灯灭 5s 后，A 灯关闭。

实验项目及实验指导书

8.1 实验1：三相异步电动机点动与连续控制

1. 实验目的

(1) 熟悉常用低压电器元件的功能及使用方法。

(2) 掌握自锁的作用。

(3) 培养学生电气控制系统的识图能力。

(4) 培养学生安装调试电气线路的动手能力。

(5) 培养学生分析实际问题和解决实际问题的能力。

2. 实验仪器设备

电源、导线若干、万用表等；三相异步电动机、接触器、热继电器、按钮。

3. 实验内容

三相异步电动机点动与连续运行控制。

4. 实验步骤

1) 点动控制

(1) 按图8-1所示连接点动控制的主电路和控制电路。

先连接主电路，然后连接控制电路。

(2) 运行、调试。

① 合上电源开关QS。

② 起动：按下按钮SB，接触器KM线圈得电，KM的主触头KM闭合，电动机M起动运行。

③ 停车：松开按钮SB，接触器KM线圈失电，KM主触头KM断开，电动机M停转。

④ 调试完成，断开电源开关QS。

2) 连续运行控制线路

(1) 按图8-2所示连接连续运行控制电路的主电路和控制电路。

先连接主电路，然后连接控制电路。

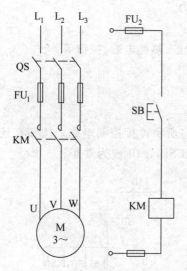

图 8-1 三相异步电动机点动控制电路

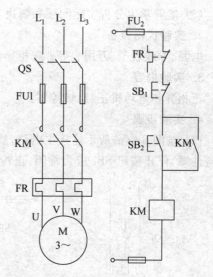

图 8-2 三相异步电动机单向连续控制电路

（2）运行、调试。

① 合上电源开关 QS。

② 起动：按下起动按钮 SB_2，接触器 KM 的线圈得电，接触器 KM 的主触点 KM 闭合，电动机 M 起动运行，接触器 KM 的辅助常开触头闭合自锁，使接触器 KM 线圈保持得电，电动机 M 连续运行。

③ 停车：按下停车按钮 SB_1，接触器 KM 线圈失电，接触器 KM 的主触点 KM 断开，电动机 M 停转。

④ 保护环节：短路保护、过载保护、失压和欠压保护。

当电气控制系统中出现短路、过载或失压/欠压等故障现象，保护环节的电器动作，电动机 M 停转。

⑤ 调试完成，断开电源开关 QS。

5. 实验分析

（1）分析点动控制、连续运行控制电路的特点，比较二者的区别。

（2）分析电路中常见的故障现象，采取哪些保护措施？

（3）在实验过程中出现的异常现象及解决措施。

8.2 实验 2：三相异步电动机正/反转控制

1. 实验目的

（1）熟悉常用低压电器元件的功能及使用方法。

（2）掌握自锁、互锁的作用。

（3）培养学生电气控制系统的识图能力。

（4）培养学生安装调试电气线路的动手能力。

（5）培养学生分析实际问题和解决实际问题的能力。

2. 实验仪器设备

电源、导线若干、万用表等；三相异步电动机、接触器、热继电器、按钮等。

3. 实验内容

三相异步电动机正/反转控制。

4. 实验步骤

（1）按图 8-3(a)所示连接主电路，然后按图 8-3(b)所示连接控制电路。按钮在连接时应注意，停止按钮 SB$_1$ 应为常闭，正转、反转起动按钮 SB$_2$、SB$_3$ 应为常开。

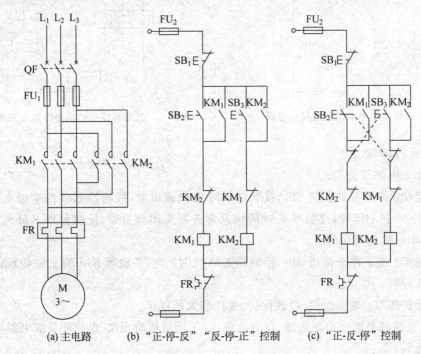

(a)主电路　　　(b)"正-停-反""反-停-正"控制　　　(c)"正-反-停"控制

图 8-3　三相异步电动机正/反转控制

（2）运行、调试。

① 合上电源开关 QF。

② 正转起动：按下正转起动按钮 SB$_2$，电动机 M 正转连续运行。

③ 停车：按下停车按钮 SB$_1$，电动机 M 停转。

④ 反转起动：按下反转起动按钮 SB$_3$，电动机 M 反转连续运行。

⑤ 停止：按下停车按钮 SB$_1$，接触器 KM$_1$ 或 KM$_2$ 线圈失电，KM$_1$ 或 KM$_2$ 主触头断开，电动机 M 停转。

控制特点：正转→停→反转，反转→停→正转。

（3）按图 8-3(c)所示连接控制电路。

按钮在连接时应注意，停止按钮 SB$_1$ 应为常闭。正/反向起动按钮 SB$_2$ 和 SB$_3$ 采用复合按钮。直接按反向按钮就能使电动机反向工作。

（4）运行、调试。

① 正转起动：按下正转起动按钮 SB$_2$，电动机 M 正转连续运行。

② 反转起动：按下反转起动按钮 SB$_3$，电动机 M 反转连续运行。

③ 停车：按下停车按钮 SB$_1$，电动机 M 停转。

控制特点：正转⇄反转→停。

④ 保护环节：短路保护、过载保护、失压和欠压保护。

当电气控制系统中出现短路、过载或失压/欠压等故障现象，保护环节的电器动作，电动机 M 停转。

（5）停止使用时，断开电源开关 QF。

5. 实验分析

（1）分析图 8-3（b）所示电动机正/反转控制电路的特点，说明电气互锁的作用。

（2）分析图 8-3（c）所示电动机正/反转控制电路的特点，说明按钮互锁的作用。

（3）分析电路中常见的故障现象，采取哪些保护措施？

（4）在实验过程中出现的异常现象及解决措施。

8.3 实验3：三相异步电动机星-角降压起动控制

1. 实验目的

（1）熟悉常用低压电器元件时间继电器的功能及使用方法。

（2）掌握延时控制的作用。

（3）培养学生电气控制系统的识图能力。

（4）培养学生安装调试电气线路的动手能力。

（5）培养学生分析实际问题和解决实际问题的能力。

2. 实验仪器设备

电源、导线若干、万用表等；三相异步电动机、接触器、热继电器、时间继电器、按钮等。

3. 实验内容

三相异步电动机星-角降压起动控制。

4. 实验步骤

（1）按图 8-4（a）所示连接主电路，然后按图 8-4（b）所示连接控制电路。按钮在连接时应注意停止按钮 SB$_1$ 为常闭，起动按钮 SB$_2$ 为常开。定时器延时设定为 5s 即可。

（2）运行、调试。

① 起动：按下起动按钮 SB$_2$，电动机定子绕组接成星形启动，延时一段时间转换成三角形接法运行。

② 停车：按下停车按钮 SB$_1$，电动机 M 停车。

③ 保护环节：短路保护、过载保护、失压和欠压保护。

当电气控制系统中出现短路、过载或失压/欠压等故障现象，保护环节的电器动作，电动机 M 停转。

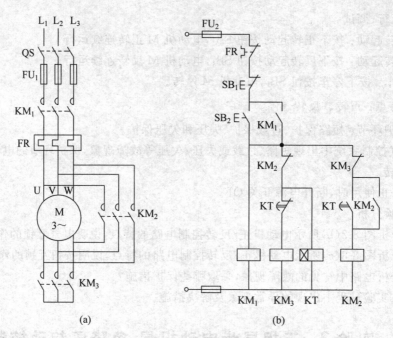

图 8-4　电动机星-角降压起动控制电路

④ 调试完成,断开电源开关 QS。

5. 实验分析

(1) 分析图 3-1 所示电动机星-角降压启动控制电路的特点。

(2) 说明时间继电器的作用。

(3) 分析电路中常见的故障现象,采取哪些保护措施?

(4) 在实验过程中出现的异常现象及解决措施。

8.4　实验4:三相异步电动机顺序控制

1. 实验目的

(1) 熟悉常用低压电器元件的功能及使用方法。

(2) 掌握联锁作用。

(3) 培养学生电气控制系统的识图能力。

(4) 培养学生安装调试电气线路的动手能力。

(5) 培养学生分析实际问题和解决实际问题的能力。

2. 实验仪器设备

电源、导线若干、万用表等;三相异步电动机、接触器、热继电器、时间继电器、按钮等。

3. 实验内容

三相异步电动机顺序控制,电动机 M_1 先起动后电动机 M_2 才允许起动;两台电动机同时停车。

4. 实验步骤

（1）按图 8-5（a）所示连接主电路，然后按图 8-5（b）所示连接控制电路。在连接按钮时应注意停止按钮 SB_1 为常闭，起动按钮 SB_2、SB_3 为常开。M_1、M_2 为电动机。

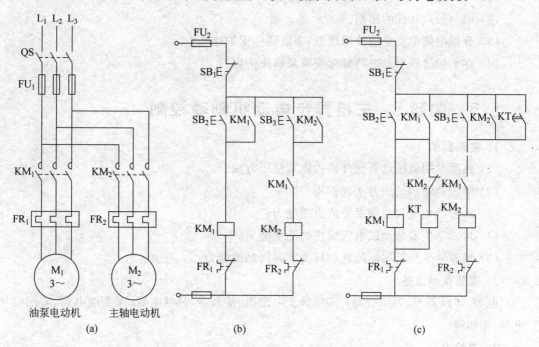

图 8-5 两台三相异步电动机顺序控制电路

（2）运行、调试。

① 起动：按下起动按钮 SB_2，电动机 M_1 运行。按下起动按钮 SB_3，电动机 M_2 才允许运行。

在电动机 M_1 未运行时，按下起动按钮 SB_3，电动机 M_2 不能运行。

② 停止：按下停车按钮 SB_1，电动机 M_1 和 M_2 同时停车。

实现顺序起动控制。

（3）按图 8-5（c）所示接线，在 KM_1 的线圈上并联时间继电器 KT，将时间继电器的延时闭合常开触点并联在按钮 SB_3 上。

（4）运行、调试。

① 起动：按下起动按钮 SB_2，电动机 M_1 起动，延时一段时间，电动机 M_2 自行起动；当延时时间未到时可按下按钮 SB_3 起动 M_2。

② 停止：按下停车按钮 SB_1，电动机 M_1 和 M_2 同时停车。

实现按时间顺序起动控制。

③ 保护环节：短路保护、过载保护、失压和欠压保护。

当电气控制系统中出现短路、过载或失压/欠压等故障现象，保护环节的电器动作，电动机停转。

（5）调试完成，断开电源开关 QS。

5. 实验分析

（1）分析图 8-5 所示电动机顺序控制电路的特点。

（2）说明触点联锁的作用。

（3）分析电路中常见的故障现象，采取哪些保护措施？

（4）在实验过程中出现的异常现象及解决措施。

8.5 实验5：三相异步电动机制动控制

1. 实验目的

（1）熟悉常用低压电器元件的功能及使用方法。

（2）掌握能耗制动的方法和作用。

（3）培养学生电气控制系统的识图能力。

（4）培养学生安装调试电气线路的动手能力。

（5）培养学生分析实际问题和解决实际问题的能力。

2. 实验仪器设备

电源、导线若干、万用表等；三相异步电动机、接触器、热继电器、速度继电器、时间继电器、按钮等。

3. 实验内容

三相异步电动机制动控制。

4. 实验步骤

1）按时间原则控制

（1）按图 8-6(a)所示连接主电路，然后按图 8-6(b)所示连接控制电路。按钮在连接时应注意停止按钮 SB_1 为常闭，起动按钮 SB_2 为常开。

（2）运行、调试。

① 起动：按钮起动按钮 SB_2，电动机 M 运行。

② 停止：按下停车按钮 SB_1，电动机 M 能耗制动，停车。

2）按速度原则控制

（1）按图 8-7(b)所示连接控制电路，将速度继电器安装在电动机轴上。

（2）运行、调试。

① 起动：按钮起动按钮 SB_2，电动机 M 运行。

② 停止：按下停止按钮 SB_1，电动机 M 能耗制动，停车。

③ 保护环节：短路保护、过载保护、失压和欠压保护。

当电气控制系统中出现短路、过载或失压/欠压等故障现象，保护环节的电器动作，电动机停转。

（3）调试完成，断开电源开关 QS。

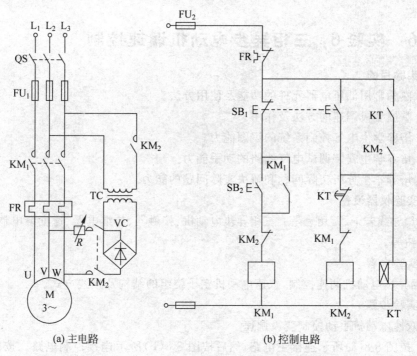

(a) 主电路　　　　　　　　　　(b) 控制电路

图 8-6　以时间原则控制的单向能耗制动电路

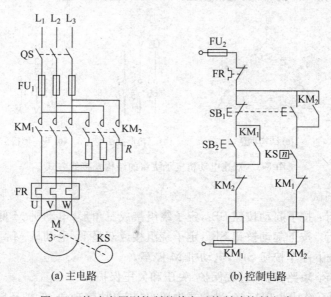

(a) 主电路　　　　　　　　　　(b) 控制电路

图 8-7　按速度原则控制的单向反接制动控制电路

5. 实验分析

（1）分析图 8-6 和图 8-7 所示电动机制动控制电路的特点。

（2）说明速度继电器的作用。

（3）说明制动的作用。

（4）分析电路中常见的故障现象以及采取哪些保护措施？

8.6　实验6：三相异步电动机调速控制

1. 实验目的

（1）熟悉常用低压电器元件的功能及使用方法。

（2）掌握变极调速的方法及作用。

（3）培养学生电气控制系统的识图能力。

（4）培养学生安装调试电气线路的动手能力。

（5）培养学生分析实际问题和解决实际问题的能力。

2. 实验仪器设备

电源、导线若干、万用表等；三相异步电动机、接触器、热继电器、速度继电器、时间继电器、按钮等。

3. 实验内容

三相异步电动机调速控制，双速电动机定子绕组的结构及接线方式。

4. 实验步骤

1）双速电动机手动控制变极调速

（1）按图 8-8(a)所示连接主电路，然后按图 8-8(b)所示连接控制电路。按钮在连接时应注意停止按钮 SB₁ 为常闭，起动按钮 SB₂、SB₃ 为复合按钮。

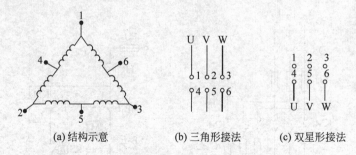

　　(a)结构示意　　　　　(b)三角形接法　　　　(c)双星形接法

图 8-8　双速电动机定子绕组的结构及接线方式

（2）运行、调试。

① 低速运行：按下起动按钮 SB₂，定子绕组接成三角形，电动机 M 低速运行。

② 高速运行：按下起动按钮 SB₃，定子绕组接成双星形，电动机 M 高速运行。

③ 停止：按下停车按钮 SB₁，电动机 M 停车。

④ 保护环节：短路保护、过载保护、失压和欠压保护。

当电气控制系统中出现短路、过载或失压/欠压等故障现象，保护环节的电器动作，电动机停转。

⑤ 调试完成，断开电源开关 QS。

2）双速三相交流异步电动机自动控制变极调速

（1）按图 8-8(c)所示连接自动控制电路。

（2）运行、调试。

① 低速运行：开关 SA 打到低速挡，电动机 M 低速运行。

② 高速运行：开关 SA 打到高速挡，电动机 M 先低速运行，延时时间到，电动机 M 以高速运行。

③ 停车：开关 SA 打到中间挡，电动机 M 停车。

5. 实验分析

（1）分析图 8-9(b)和图 8-9(c)所示电动机调速控制电路的特点。

（2）说明调速的作用。

（3）分析电路中常见的故障现象，采取哪些保护措施？

（4）在实验过程中出现的异常现象及解决措施。

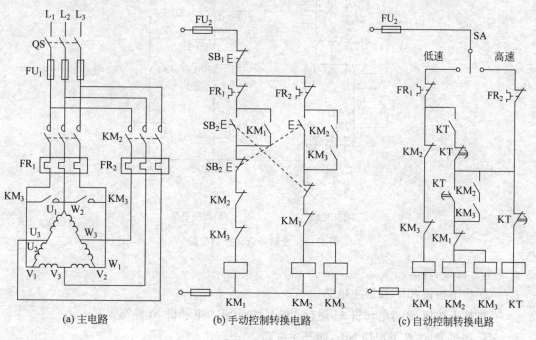

图 8-9 双速电动机变速控制电路

8.7 实验 7：变频器点动与连续控制

1. 实验目的

（1）熟悉变频器的功能。

（2）掌握变频器点动与连续运行的作用。

（3）培养学生电气控制系统的识图能力。

（4）培养学生安装调试变频器的控制电路的动手能力。

（5）培养学生分析实际问题和解决实际问题的能力。

2. 实验仪器设备

电源、导线若干、万用表等；三相异步电动机、变频器、接触器、中间继电器、按钮等。

3. 实验内容

（1）掌握变频器的结构及接线端子及功能。

（2）掌握变频器点动与连续运行的接线与调试。

4. 实验步骤

1）点动运行

（1）按图 8-10(a) 所示连接主电路，然后按图 8-10(b) 所示连接控制电路。按钮在连接时应注意停止按钮 SB_2 为常闭，起动按钮 SB_1 为常开，点动按钮 SB_3 为常开。

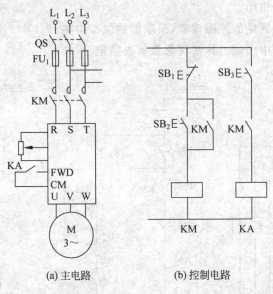

　　　　(a) 主电路　　　　　　　　(b) 控制电路

图 8-10　变频器点动控制电路

（2）运行、调试。

① 按下按钮 SB_1，接通主电路。

② 按下按钮 SB_3，电动机 M 运行；松开按钮 SB_3，电动机 M 停车。

③ 调试完成，按下按钮 SB_2，断开主电路。

2）连续运行

（1）按图 8-11(b) 所示连接控制电路。

（2）运行、调试。

① 按下按钮 SB_1，接通主电路。

② 按下起动按钮 SB_3，电动机 M 运行；按下停车按钮 SB_4，电动机 M 停车。

③ 调试完成，按下按钮 SB_2，断开主电路。

5. 实验分析

（1）分析图 8-10 和图 8-11 所示变频器点动与连续运行控制电路的特点。

（2）说明变频器的作用。

（3）分析变频器电路中常见的故障现象，采取哪些保护措施？

（4）在实验过程中出现的异常现象及解决措施。

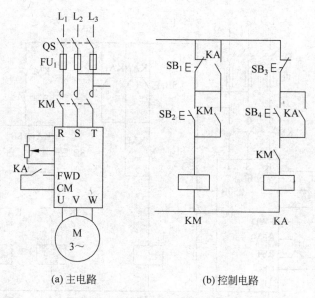

(a) 主电路   (b) 控制电路

图 8-11 变频器单向连续控制电路

8.8 实验 8：变频器正/反转控制

1. 实验目的

(1) 熟悉变频器的功能。

(2) 掌握变频器正/反转运行的作用。

(3) 培养学生电气控制系统的识图能力。

(4) 培养学生安装调试变频器的控制电路的动手能力。

(5) 培养学生分析实际问题和解决实际问题的能力。

2. 实验仪器设备

电源、导线若干、万用表等；三相异步电动机、变频器、接触器、中间继电器、按钮等。

3. 实验内容

(1) 掌握变频器的结构及接线端子及功能。

(2) 掌握变频器正/反转运行的接线与调试。

4. 实验步骤

(1) 按图 8-12(a)所示连接主电路,然后按图 8-12(b)所示连接控制电路。

(2) 运行、调试。

① 按下起动按钮 SB₁,接通主电路。

② 按下正转起动按钮 SB₃,电动机 M 正转运行；按下反转起动按钮 SB₄,电动机 M 反转运行；按下停车按钮 SB₅,电动机 M 停转。

电动机运行的速度用变频器面板的调速键设定或用调压方法设定。

按下按钮 SB₆,变频器复位。

③ 调试完成,按下 SB₂ 按钮,断开主电路。

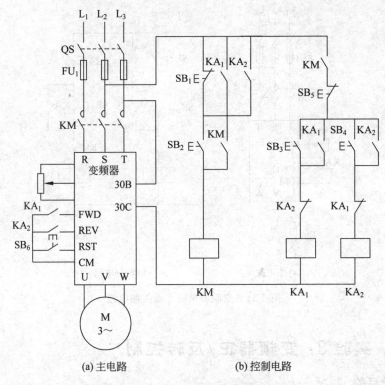

图 8-12 变频器正/反转控制电路

5. 实验分析

(1) 分析图 8-12 所示变频器正/反转运行控制电路的特点。

(2) 说明变频器的作用。

(3) 分析变频器电路中常见的故障现象,采取哪些保护措施?

(4) 在实验过程中出现的异常现象及解决措施。

8.9 实验 9:变频器多段速调速控制

1. 实验目的

(1) 熟悉变频器的功能。

(2) 掌握变频器多段速调速的作用。

(3) 培养学生电气控制系统的识图能力。

(4) 培养学生安装调试变频器的控制电路的动手能力。

(5) 培养学生分析实际问题和解决实际问题的能力。

2. 实验仪器设备

电源、导线若干、万用表等;三相异步电动机、变频器、接触器、中间继电器、按钮等。

3. 实验内容

(1) 掌握变频器的结构及接线端子及功能。

（2）掌握变频器多段速调速运行的接线与调试。

4. 实验步骤

（1）按图 8-13(a)所示连接主电路，然后按图 8-13(b)所示连接控制电路。

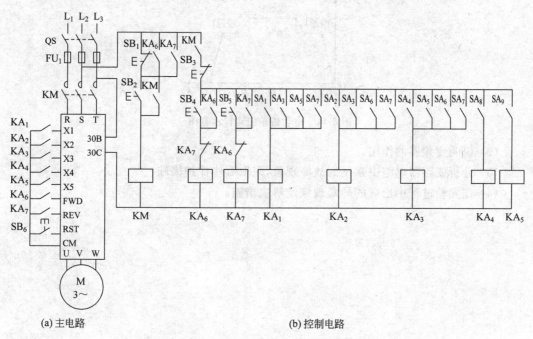

(a) 主电路　　　　　　　　　　　　　　　(b) 控制电路

图 8-13　变频器多段速手动控制电路

SB_1、SB_2 为变频器主电路起停控制按钮；SB_3、SB_4、SB_5 为电动机正/反转起停控制按钮。

接触器 KM 控制主电路；中间继电器 KA_1、KA_2、KA_3 接多段速选择控制端 X1、X2、X3；中间继电器 KA_4、KA_5 接加/减时间选择端 X4、X5；中间继电器 KA_6、KA_7 接变频器正/反转指令输入端 FWD、REV。

开关 SA_1、SA_2、SA_3、SA_4、SA_5、SA_6、SA_7 为 7 速段选择开关。

开关 SA_8、SA_9 为加/减时间选择开关。

按钮 SB_6 接变频器复位端控制端。

（2）运行、调试。

按图 8-14 所示电动机单向运行示意图调试。

① 按下按钮 SB_1，接通主电路。

② 按下起动按钮 SB_3，电动机 M 正转运行。按下开关 SA_1 选速段 1；按下开关 SA_8 选择加/减时间（如 $t_1 + t_2$）；然后按下开关 SA_4 选速段 4；按开关 SA_9 选择加/减时间（如 $t_3 + t_4$）；按下开关 SA_1 选速段 1；按开关 SA_8、SA_9 选择加/减时间（如 $t_5 + t_6$）；按下停车按钮 SB_3，电动机 M 停转。

可用变频器的显示板与键盘上设置多段速及加/减时间。

③ 调试完成，按下按钮 SB_2，断开主电路。

5．实验分析

（1）分析图 8-14 所示变频器多段速调速控制的特点。

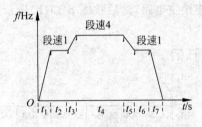

图 8-14　电动机单向运行示意图

（2）说明变频器的作用。

（3）分析变频器电路中常见的故障现象，采取哪些保护措施？

（4）在实验过程中出现的异常现象及解决措施。

参 考 文 献

[1] 杨丽君.可编程控制器简明教程[M].北京:清华大学出版社,2010.

[2] 王福成.电气控制与 PLC 应用[M].北京:冶金工业出版社,2009.

[3] 李仁.电器控制[M].北京:机械工业出版社,1999.

[4] 李益民,刘小春.电机与电气控制技术[M].北京:高等教育出版社,2006.

[5] 冉文.电机与电气控制[M].西安:西安电子科技大学出版社,2008.

[6] 高浦,孟建军.电气控制基础与可编程控制器应用教程[M].西安:西安电子科技大学出版社,2007.

[7] 任振辉.电气与 PLC 控制技术[M].北京:中国电力出版社,2014.

[8] 李道霖.工厂电气控制技术[M].北京:中国电力出版社,2006.

[9] 李向东.电气控制与 PLC[M].北京:机械工业出版社,2005.

[10] 戴明宏,张君霞.电气控制与 PLC 应用[M].北京:北京航空航天大学出版社,2007.

[11] 刘永华.电气控制与 PLC[M].北京:北京航空航天大学出版社,2007.

[12] 徐文尚,陈霞,武超.电气控制技术与 PLC[M].北京:机械工业出版社,2011.

常用电气图形符号和文字符号

名　　称	图形符号 (GB/T 4728—2000)	文字符号 (GB 7159—1987)	名　　称	图形符号 (GB/T 4728—2000)	文字符号 (GB 7159—1987)
直流电		DC	交流电		AC
导线连接			导线的多线连接		
导线不连接			接地符号		E
单相自耦变压器		T	三相自耦变压器的星形连接		T
电流互感器		TA	三相笼型异步电动机		M 3～
三相绕线转子异步电动机		M 3～	他励式直流电动机		M
并励式直流电动机		M	插头		XP
熔断器		FU	单极刀开关		Q/QS

续表

名　称	图形符号 (GB/T 4728— 2000)	文字符号 (GB 7159— 1987)	名　称	图形符号 (GB/T 4728— 2000)	文字符号 (GB 7159— 1987)
插座		XS	具有动合触点但无自动复位的旋转开关		SA
三极刀开关		Q/QS	常开（动合）触点		
三相断路器		QF	先断后合的转换触点		
常闭（动断）触点			按钮常闭（动断）触点		SB
按钮常开（动合）触点		SB			
限 位 开 关					
常开（动合）触点		SQ	常闭（动断）触点		SQ
接 近 开 关					
常开（动合）触点		SQ	常闭（动断）触点		SQ
接 触 器					

名　称	图形符号 (GB/T 4728— 2000)	文字符号 (GB 4728— 87)	名　称	图形符号 (GB/T 4728— 2000)	文字符号 (GB 4728— 1987)
线圈		KM	主触点常开（动合）触点		KM
辅助常开（动合）触点		KM	辅助常闭（动断）触点		KM

续表

继　电　器

名　　　称	图形符号 (GB/T 4728—2000)	文字符号 (GB 4728—87)	名　　　称	图形符号 (GB/T 4728—2000)	文字符号 (GB 4728—87)
常开(动合)触点		符号同操作 元件	常闭(动断)触点		符号同操作 元件
延时闭合的常开 (动合)触点		KT	延时断开的常开 (动合)触点		KT
延时闭合的常闭 (动断)触点		KT	延时断开的常闭 (动断)触点		KT
时间继电器圈(一 般符号)		KT	中间继电器线圈		KA
断电延时型(缓慢 释放)时间继电器		KT	通电延时型(缓慢 吸合)时间继电器		KT
热继电器热元件		FR	热继电器的常闭 (动断)触点		FR
电铃		HA	扬声器(电喇叭)		HA
照明灯		EL	信号灯		HL

电气设备常用的基本文字符号

中文名称	基本文字符号		中文名称	基本文字符号	
	单字母	多字母		单字母	多字母
电桥	A	AB	继电器	K	K
晶体管放大器	A	AD	电流继电器	K	KI
调压器	A	AV	中间继电器	K	KA
保护装置	A	AP	信号继电器	K	KS
电流保护装置	A	APA	时间继电器	K	KT
重合闸装置	A	APR	出口继电器	K	KCO
电源自动投入装置	A	AAT	电压继电器	K	KV
光电管	B	B	电感线圈	L	L
传感器	B	B	消弧线圈	L	LP
扬声器	B	B	电动机	M	M
电力电容器	C	CP	同步电动机	M	MS
双稳态元件	D	DB	电流表	P	PA
单稳态元件	D	DM	脉冲计数器	P	PC
照明灯	E	EL	电能表	P	PJ
空调	E	EY	电压表	P	PV
瞬时动作的限流保护器	F	FA	隔离开关	Q	QS
热继电器	F	FR	刀开关	Q	QK
熔断器	F	FU	接点刀闸	Q	QSE
异步发电机	G	GA	电阻	R	R
蓄电池	G	GB	电位器	R	RP
励磁机	G	GE	分流器	R	RS
同步发电机	G	GS	控制开关	S	SA
声响指示器	H	HA	按钮开关	S	SB
光指示器	H	HL	主令开关	S	SM
蜂鸣器	H	HAU	行程(行程)开关	S	SQ
电流互感器	T	TA	母线	W	WB
电压互感器	T	TV	合闸母线	W	WC

续表

中 文 名 称	基本文字符号		中 文 名 称	基本文字符号	
	单字母	多字母		单字母	多字母
电力变压器	T	TM	预报信号母线	W	WP
变流器	U	UA	电压母线	W	WV
频率变换器	U	UF	事故信号母线	W	WE
二极管	V	V	闪光信号母线	W	WF
电子管	V	VE	电磁铁	Y	YA
晶闸管	V	VR	合闸线圈	Y	YC
稳压管	V	VS	跳闸线圈	Y	YT
三极管	V	VT	电动阀	Y	YM
连接片	X	XB	电磁阀	Y	YV
测试端子	X	XE	电磁制动器	Y	YB
测试插孔	X	XJ	电磁离合器	Y	YC
接线端子	X	XT	设备端相序第一相	U	
交流电源第一相	L	L1	设备端相序第二相	V	
交流电源第二相	L	L2	设备端相序第三相	W	
交流电源第三相	L	L3	中性线	N	
保护线	L	PE	保护和中性线共用线		PEN
接地线	E		直流电源正	＋	
中间线	M		直流电源负	－	
信号母线	W	WS			

S7-300系列PLC梯形图指令统计表

助 记 符	分 类	说 明
─┤├─	位逻辑指令	常开触点
─┤/├─		常闭触点
─( )	位操作指令	逻辑串输出（赋值），将 RLO 的值赋给指定的操作数
─(#)─		将 RLO 的中间结果赋给指定的操作数
─(S)		置位。置1
─(R)		复位。清0
SR	SR 触发器	复位优先型 SR 触发器
RS	RS 触发器	置位优先型 RS 触发器
─┤ NOT ├─	对 RLO 操作指令	将 RLO 取反
─(SAVE)		保存 RLO
─┤├ BR		检查 RLO
─(P)─	位测试指令	RLO 正跳沿检测
─(N)─		RLO 负跳沿检测指令
POS		触点正跳沿检测
NEG		触点负跳沿检测
─(SP)	定时器指令	脉冲定时器 SP
─(SE)		扩展脉冲定时器 SE
─(SD)		接通延时定时器 SD
─(SS)		保持型接通延时定时器 SS
─(SF)		断电延时定时器 SF
S_PULSE		脉冲定时器 SP
S_PEXT		扩展脉冲定时器 SE
S_ODT		接通延时定时器 SD
S_ODTS		保持型接通延时定时器 SS

续表

助 记 符	分 类	说 明
S_OFFD		断电延时定时器 SF
——(SC)	计数器指令	起动计数器
——(CU)		加计数器
——(CD)		减计数器
S_CUD		可逆计数器
S_CU		加计数器
S_CD		减计数器
MOVE	传送指令	传送 8、16、32 位数据。整数或实数
SHL_W	移位指令	无符号数左移字数据
SHL_DW		无符号数左移双字数据
SHR_W		无符号数右移字数据
SHR_DW		无符号数右移双字数据
SHR_I		有符号整数右移
SHR_DI		有符号长整数右移
CMP==I	比较指令	两个整数比较,比较类型有==,<>,>,<,>=,<=
CMP==D		两个长整数比较,比较类型有==,<>,>,<,>=,<=
CMP==R		两个实数比较,比较类型有==,<>,>,<,>=,<=
ROL_DW	循环指令	循环左移(32 位)
ROR_DW		循环右移(32 位)
BCD_I	整数转换指令	BCD 码转换整数
BCD_DI		BCD 码转换长整数
I_BCD		整数转换 BCD 码
DI_BCD		长整数转换 BCD 码
I_DINT		整数转换长整数
DI_REAL	整数转换实数指令	长整数转换成实数
ROUND	实数转换整数指令	实数化整(四舍五入)为最接近的整数
TRUNC		实数取整
CEIL		实数化整为大于或等于该实数的最小整数
FLOOR		实数化整为小于或等于该实数的最大整数
INV_I	取反指令	对 16 位整数求反码
INV_DI		对 32 位整数求反码
NEG_R		对 32 位实数求反码
NEG_I	求补指令	对 16 位整数求补码
NEG_DI		对 32 位整数求补码
——(OPN)	数据块指令	打开一个数据块作为共享数据块或背景数据块

续表

助 记 符	分 类	说 明
ADD_I	整数算术运算指令	整数加运算
ADD_DI		长整数加运算
SUB_I		整数减运算
SUB_DI		长整数减运算
MUL_I		整数乘运算
MUL_DI		长整数乘运算
DIV_I		整数除运算
DIV_DI		长整数除运算
MOD		长整数取余运算
ADD_R	实数算术运算指令	实数加运算
SUB_R		实数减运算
MUL_R		实数乘运算
DIV_R		实数除运算
ABS	实数算术指令	求绝对值
SQR		求平方
SQRT		求平方根
LN		求自然对数
EXP		求基于 e 的指数
SIN	三角函数运算指令	求正弦值
COS		求余弦值
TAN		求正切值
ASIN		求反正弦值
ACOS		求反余弦值
ATAN		求反正切值
WAND_W	字逻辑运算指令	字逻辑与
WAND_DW		双字逻辑与
WOR _W		字逻辑或
WOR _DW		双字逻辑或
WXOR _W		字逻辑异或
WXOR _DW		双字逻辑异或
——(JMP)	逻辑控制指令	无条件跳转
——(JMPN)		条件跳转
>0 >0	状态位指令	算术运算结果大于 0,则常开触点闭合、常闭触点断开
<0 <0		算术运算结果小于 0,则常开触点闭合、常闭触点断开

续表

助 记 符	分 类	说 明
>=0 ┤├ >=0 ┤/├		算术运算结果大于或等于 0,则常开触点闭合、常闭触点断开
<=0 ┤├ <=0 ┤/├		算术运算结果小于或等于 0,则常开触点闭合、常闭触点断开
==0 ┤├ ==0 ┤/├		算术运算结果等于 0,则常开触点闭合、常闭触点断开
<>0 ┤├ <>0 ┤/├		算术运算结果不等于 0,则常开触点闭合、常闭触点断开
OV ┤├		若状态字 OV(溢出位)为 1,则常开触点闭合、常闭触点断开
OS ┤├		若状态字 OS(存储溢出位)为 1,则常开触点闭合、常闭触点断开
UO ┤├		若实数算术运算结果溢出,则常开触点闭合、常闭触点断开
BR ┤├		若状态字 BR(二进制结果位)为 1,则常开触点闭合、常闭触点断开
──(CALL)	程序控制指令	调用块,不带参数
FB/FC/SFB/SFC ──(RET)		调用块:功能块/功能/系统功能块/系统功能,可带参数
		结束块
──(MCRA)	主控继电器指令	按 MCR 方式操作区域的开始
──(MCRD)		按 MCR 方式操作区域的结束
──(MCR<)		将 RLO 保存与 MCR 堆栈中,产生一条子母线
──(MCR>)		恢复 RLO,结束子母线,返回主母线